高等师范院校"双创"教师教育系列教材

快速成型技术及教育应用

乔凤天　吴　陶　张旭生　编著

科学出版社
北　京

内 容 简 介

本书介绍了快速成型技术的起源、发展与现状，详细讲解了快速成型技术在中小学教育教学中的应用。技术原理与教育实践相结合是本书最大的一个特点。本书增进高等师范院校师范生和在职教师对快速成型技术的理解，通过具体的课程案例提高师范生和在职教师进行创新教育教学活动所必须具备的基础知识和技能。

本书可作为师范专业本科生和专科生的相关教材及研究生的参考书目，也可作为中小学科学教师、中小学信息技术教师、中小学综合实践活动教师、中小学劳动技术教师、高中通用技术教师及其他学科教师的培训教材。

图书在版编目（CIP）数据

快速成型技术及教育应用/乔凤天，吴陶，张旭生编著：—北京：科学出版社，2018.9

高等师范院校"双创"教师教育系列教材

ISBN 978-7-03-057470-1

Ⅰ．①快⋯　Ⅱ．①乔⋯　②吴⋯　③张⋯　Ⅲ．①快速成型技术-高等师范院校-教材　Ⅳ．①TB4

中国版本图书馆 CIP 数据核字（2018）第 103680 号

责任编辑：潘斯斯　张克忠　/　责任校对：郭瑞芝

责任印制：张伟　/　封面设计：迷底书装

科 学 出 版 社 出版

北京东黄城根北街 16 号

邮政编码：100717

http://www.sciencep.com

北京建宏印刷有限公司 印刷

科学出版社发行　各地新华书店经销

*

2018 年 9 月第 一 版　开本：720×1000　1/16

2019 年 7 月第二次印刷　印张：8

字数：176 000

定价：**59.00 元**

（如有印装质量问题，我社负责调换）

"高等师范院校'双创'教师教育系列教材"

《快速成型技术及教育应用》

编委会

总策划：孙　彤

编委会主任：臧　强

编委会：刘　锐　祝杨军　黄　丹

编写组：乔凤天　吴　陶　张旭生

总　序

　　创新创业是国之大计、时代潮流。创新是民族进步之魂，是引领发展的第一动力，是建设现代化经济体系的战略支撑。创业是就业富民之源，推动大众创业、万众创新是释放民智民力、保持经济稳定增长、避免经济出现"硬着陆"的重要举措，是经济转型升级的新引擎。2015 年 5 月，国务院办公厅印发《国务院办公厅关于深化高等学校创新创业教育改革的实施意见》（国办发〔2015〕36 号），提出了五年内深化高校"双创"教育改革的总目标，将"双创"教育改革作为国家实施创新驱动发展、全面提高人才培养质量的关键环节，掀起了全国"双创"教育的改革热潮。高校是"双创"教育的重要主体，高校"双创"教育的主要目标是唤醒学生创新创业意识，培养创新创业精神，训练创新创业思维，让学生学会创新创业技能，探索完善"双创"培养体系，使之有效适应经济发展新常态、高效衔接国家就业新政策、不断满足"双创"时代人才培养新要求。"双创"教育改革推进者不断提升顶层设计新高度，始终紧密围绕综合提升人才培养质量前行。

　　高等师范院校的学生是未来教育教学改革的主要承担者，更是教育的传承者，这种双重身份的特性，决定了推动"双创"教育的特殊意义。一方面，高等师范院校为在校生提供优质的创新创业教育。创新是大学教育的灵魂，大学人才培养、科学研究都以创新活动为主要途径，以知识创新乃至文化创新为目标。大学中的创新创业教育应当是一种全新的教育理念和模式，核心理念是"面向全体学生"、"结合专业教育"和"融入人才培养全过程"，基本目标是"全覆盖"、"分层次"和"差异化"，努力实现面向全体与分层施教紧密结合、在校教育与继续教育密切衔接、素质教育与职业教育统筹兼顾。另一方面，高等师范院校开展"双创"教师教育，为基础教育系统培养合格的"双创"师资。因此高等师范院校围绕立德树人这一根本任务，以培养德才兼备、专业素质和综合素质优良、具有国际视野的创新型、复合型、应用型优秀人才为目标。同时，考虑到师范生的思维转型与未来基础教育的质量和走向密切相关，健全师范生双创教育课程体系，内化培养创新思维与工匠精神，外化突出创业实践与双创能力，使其未来成为适应新形势、新需要的优秀教师。这些不仅是其未来社会角色的内在需求，更是实现个人价值、进行教育教学改革的实力和动力。

"双创"教育的目标之一是培养 STEM 人才。STEM 教育要求学生手脑并用，注重实践、注重动手、注重过程，并基于创新意识下，结合动手实践和探索真正唤醒学生的创造力潜能。以问题为导向，不用固定僵化的思路解决问题，而是尝试通过不同的方法和思路进行探索，用工程技术验证想法，从而锻炼创新意识。与此同时开展"双创"教师教育具有重大的现实意义，加强教师创新创业教育意识，提升教师创新创业教育能力，使其能够通过理念、内容、教法的创新变革，实现专业教育与创新创业教育的充分融合，培育创新创业人才。

在知识经济时代，STEM 人才是创新型国家建设、提升全球竞争力的关键。美国等发达国家在 STEM 教育领域起步较早，理念先进，不断加大投入，已经形成了较为完整、成熟的体系，取得了实效，如奥巴马政府为扩大 STEM 教育规模并提升其质量做出重大贡献，投入大量资金、人力和基础设施，力求为市场输送大批优秀 STEM 领域的毕业生。通过基础设施和教育技术研发投资、多领域协作等方式，科学、技术与创新可改善教育成果。我国 STEM 教育起步较晚，目前取得了一定成绩，有效地利用信息技术推进"众创空间"建设，探索 STEM 教育、创客教育等新教育模式，使学生具有较强的信息意识与创新意识。但机遇与挑战并存，目前我国 STEM 教育领域的师资、硬件、软件、教材等方面都需要通过高等师范院校进行开发与培养。

首都师范大学是国内较早开展"双创"教师教育的高校，坚持以立足北京、服务国家需求为导向，学校历来高度重视"双创"工作，建立以学校书记和校长为组长的"学生就业创业工作领导小组"，构建了创业教育、创业实训、创业孵化"三位一体"的创业教育服务体系；创设了创业实验室模式，下设创业过程仿真模拟中心、学生创业实训孵化基地、创业教育与研究中心、创业教师教育发展中心四个机构，整体建设水平位居全国前列。除此之外学校组建创业骨干教师团队，参与教材、教学、咨询和科研等工作，在实践中顺势求新，探索出 4M 创业教育教学模型，在核心期刊发表多篇论文，自主编写出版了多部教材及专著，在国内创新创业教育方面取得一定成绩。

　　同时，首都师范大学作为以培养未来教育工作者为主体的高等师范院校，肩负着培养高质量的未来师资的重要使命，在探索学生创新创业教育的理念和模式上也应当结合自身特色，致力于培养有创新创业精神和能力素质的高质量的师范生，使其能够承担未来教育教学改革和教育传承的双重使命。特别是在"互联网+"与创新驱动发展战略下的师范生培养，要使其具备灵活运用网络和掌握智能技术基础的"双创"能力，不断将教育技术有效融入课程设计、教学方法创新等教育实践创新，为未来"双创"教育教学改革提供新思路、新方法。学校充分整合校园资源，形成校院两级"双创"合力，于 2016 年研发"创·课"课程，同时整合校企资源，组织召开以"创·课教育"为中心议题的师范生"双创"教育从业技能研讨会。"创·课"要求师范生在大学期间通过"课程+工作坊+实习实践"的课程模式进行系统训练，全面掌握创新创业教育行业整体状况、最新科学技术、教育理念和教学方法。旨在帮助师范生获得在基础教育系统内开设创新教育和创业教育等相关课程的能力，尤其是培养中小学生创新思维和动手能力所必需具备的专业技能。同时，"创·课"教育能力的培养还能够帮助师范生自主设计、研发课程，提高就业竞争力。我校"双创"教育水平位于全国师范类院校的前列，但针对学生的教材目前质量良莠不齐。

　　为进一步提升课程效果，普及课程特色内容，我校组织专业团队编写"高等师范院校'双创'教师教育系列教材"。本套教材以国际创新教育发展和我国中小学课程改革为背景，依托首都师范大学教育学院专业教师团队，整合首都师范大学相关院系资源，借助理工和综合类院校专家力量，探究师范生及中小学教师应对创新教育发展所遇到的共性问题，切实提升师范生创意设计制作能力、教育技术应用能力以及创新课程设计能力，加深师范生对教育相关行业的了解和认识。这正是将专业教育与"双创"教育有机融合、将实践技术融入"双创"教育的有益实践，为师范类大学"双创"教学提供体系化支持，同时也意味着学校的创新创业教育水平进入新的学科化、专业化发展阶段。

　　本系列教材一共五本，涵盖创新思维与方法、课程组织与教学、教育技术与应用三方面，写作的基本原则是：突出基本原理、展示内在逻辑、阐述生动具体、方便教育教学，重点在于培养师范生创新精神，使师范生了解 STEM、设计思维等创新教育新理念、新方法，运用快速成型技术、工程创意模型与机器人、游戏设计与开发等创新教育新技术、新手段与中小学教学及创新教育相结合。同时，系列教材也为中小学教师创新教育方法、提升教学能力、应用教育技术提供了有效支撑。

　　《STEM 课程组织与教学设计》试图通过分析 STEM 课程组织方式，介绍中小学校内 STEM 课程和校外 STEM 活动的设计方法，旨在使学生参与以活动、项目和问题解决为基础的学习，它提供了一种动手做的课堂体验。学生在应用所学到的数学和科学知识来应对世界重大挑战时，他们创造、设计、建构、发现、合作并解决问题。

《设计思维与创新教育》系统梳理"设计思维"方法和工具。"设计思维"（Design Thinking）作为一种创新方法，促进学生的创新思维能力、协作能力和解决问题能力的培养。在中小学教育领域，设计思维广泛应用于课程设计、教师教育等方面。

《快速成型技术及教育应用》又称快速原型制造技术。近几年快速成型技术作为一种新的学习工具，已广泛地应用于教育领域，并促进新的学习方式的产生和学科教学创新，对师范生和中小学教师学习相关技术起到了积极的促进作用，提供了新的探索可能。

《工程创意模型与机器人》是中小学生了解机械、电子、控制、机电一体化等知识、进行青少年科技创新活动的有效教学载体，也是开展创新教育和技术创新活动的常用工具。该书使师范生及中小学教师具备机械工程基础知识和基本实操能力，为开展跨学科课程、指导中小学生科技创新，提供知识和技能储备。

《游戏策划与设计》介绍游戏设计的流程和方法，有效促进中小学编程教育。游戏能有效激发学生学习动机、促进学生的高阶思维发展、培养学生建立正确价值观。该书使师范生和中小学教师了解游戏策划与设计的基础知识，为师范生和中小学教师开展中小学信息技术教育、游戏化学习以及各学科信息化、游戏化学习资源建设，提供理论和技能支持。

本系列教材以问题为导向，阐述了 STEM、设计思维等创新教育新理念，有利于高等师范院校进行专业教育与就业教育的融合，为高等师范院校结合自身特色开展"双创"教育做出了新探索。由于我们率先开展高等师范院校师范生培养相关方面的系列教材编写，存在经验、能力不足的地方，敬请专家批评指正。

首都师范大学招生就业处

2018 年 6 月

前　言

　　快速成型技术又称快速原型制造技术，诞生于 20 世纪 80 年代后期，是基于材料堆积法的一种高新制造技术，被认为是近 20 年来制造领域的一个重大成果。它集机械工程、CAD、逆向工程技术、分层制造技术、数控技术、材料科学、激光技术于一身，可以自动、直接、快速、精确地将设计思想转变为具有一定功能的原型或直接制造零件，从而为零件原型制作、新设计思想的校验等提供一种高效、低成本的实现手段。

　　以 3D 打印、激光切割为代表的快速成型技术成为航空、汽车、医疗、电子、家电、军事装备、工业造型、建筑模型、机械行业等领域重要的生产方式。同时，3D 打印、激光切割作为一种新的学习工具，也广泛地应用于教育领域，并促进新的学习方式的产生。

　　本书以快速成型技术为背景，对 3D 打印技术、3D 建模技术、激光切割技术以及基于 3D 打印、激光切割技术进行课程设计等方面进行梳理分析，对我国高等师范院校师范生"双创"技能的提升具有积极的促进作用，并为我国中小学创客、STEM 课程设计提供参考。

　　全书共 5 章。第 1 章介绍快速成型技术；第 2 章介绍 3D 打印技术；第 3 章介绍 3D 建模设计；第 4 章介绍激光切割技术；第 5 章介绍课程设计理念及方法。

　　本书由首都师范大学教育学院乔凤天老师主持编写，首都师范大学教育学院吴陶老师和浙江大学工业设计产品创新工程中心张旭生老师参与编写。厦门理工学院张抱一老师、北京大学附属中学曹多莲老师、北京汇文中学马丽娜老师、清华大学附属中学李晟宇老师、克拉玛依青少年科技活动中心高国刚老师为本书提供了案例。

全书由乔凤天老师修改并统稿。

在本书编写过程中，作者参考了大量文献资料，使本书的结构更加合理，内容更加丰富，在此谨向有关作者表示衷心的感谢。

由于作者水平有限，书中难免存在不妥之处，恳请读者批评指正。

乔凤天

2018 年 5 月 26 日

目　　录

第 1 章　快速成型技术

1.1　快速成型技术概述

　　快速成型（Rapid Prototyping，RP）是 20 世纪 80 年代末期开始商品化的一种高新制造技术，它是集计算机辅助设计（Computer Aided Design，CAD）、计算机辅助制造（Computer Aided Manufacting，CAM）、3D 打印技术、激光加工技术、数控技术和新材料等技术领域的最新成果于一体的零件原型制造技术[1]。快速成型不同于传统的用材料去除方式制造零件的方法，而是用材料一层一层积累的方式构造零件模型。它利用所要制造零件的三维 CAD 模型数据直接生成产品原型，并且可以方便地修改 CAD 模型后重新制造产品原型。由于该技术不像传统的零件制造方法需要制作木模、塑料模和陶瓷模等，可以把零件原型的制造时间减少为几天、几小时，明显缩短了产品开发周期，减少了开发成本。随着计算机技术的快速发展和计算机三维辅助设计软件（CAD）应用的不断推广，越来越多的产品基于三维 CAD 设计开发，使得快速成型技术的广泛应用成为可能。快速成型技术已广泛应用于航空航天、汽车、通信、医疗、电子、家电、玩具、军事装备、工业造型（雕刻）、建筑模型、机械行业等领域。它具有如下优势[2]。

---

[1] 金杰，张安阳. 快速成型技术及其应用［J］. 浙江工业大学学报，2015，（10）：592-604.
[2] 王运赣. 快速成型技术［M］. 武汉：华中理工大学出版社，1999.

1．设计者受益

应用快速成型技术，设计者在设计的最初阶段，就能拿到实在的产品样品，并可在产品最终走向市场的不同阶段快速地修改、重做样品，甚至做出试制用工模具及少量的产品，进行试验，据此判断有关上、下游的各种问题，从而为设计者创造了一个优良的设计环境，无须多次反复思考、修改，即可尽快得到优化结果。因此，快速成型技术是真正实现并行设计的强有力手段。

2．制造者受益

制造者在产品设计的最初阶段，可通过这种实在的产品样品，甚至试制用工模具及少量的产品，及早地对产品设计提出意见，做好原材料、标准件、外协加工件、加工工艺和批量生产用工模具等准备，以减少失误和返工、节省工时、降低成本和提高产品质量。因此，快速成型技术可以实现基于并行工程的快速生产准备。

3．推销者受益

推销者在产品设计的最初阶段，能借助这种产品样品，甚至少量产品，及早并实在地向用户宣传、征求意见，以准确地预测市场需求。因此，快速成型技术的应用可以显著地降低新产品的销售风险和成本，明显缩短其投放市场的时间和提高竞争能力。

4．用户受益

用户在产品设计的最初阶段，也能见到产品样品，甚至少量产品，这使得他们能及早、深刻地认识产品，进行必要的测试，并且提出意见。因此，快速成型技术可以在尽可能短的时间内完成产品的原型制造。

1.2 教育应用

1.2.1 快速成型技术的教育应用

以 3D 打印、激光切割为代表的快速成型技术，广泛地应用于教育领域。2013年版的《地平线报告》更是将 3D 打印的教育应用列入了"待普及"的新技术清单。

高等教育领域，3D 打印广泛应用于设计教育、医学教育、机械教育等领域的教学及科研中。

　　在设计教育领域，格里菲斯大学的产品设计专业将 3D 打印作为一种学习策略融入设计教育中。2013 年，格里菲斯大学的一名硕士研究生对生物材料的使用产生了兴趣，为一颗受损的心脏设计支架，这个支架是 3D 打印出来的，可以让病人自己的细胞在周围生长[①]。浙江理工大学将 3D 打印与"首饰工艺制作"课程教学相结合，首饰工艺制作传统的教学方式是通过焊接、雕蜡、翻模等基本方法，使学生掌握首饰工艺制作的步骤制作成品，但作品较为单一，在设计思维上空间感较弱，教学成果不够丰富[②]。结合 3D 打印后，在系列首饰制作的材料转化环节，3D 打印设备通过不同的型号，运用不同的材料（粉末、树脂、金属等），制作不同效果的首饰作品。在系列首饰制作的工艺转化环节，首先，通过对建模软件 Jewel CAD 的学习，掌握首饰设计的技巧完成最终的设计方案；其次，掌握 3D 打印设备的各项程序；最后，学生将自己设计的方案直接打印出来，根据实物进行创意及功能结构的分析检测，发现问题进行修改，形成设计、打印、修改、再打印的过程，直到最后方案确定。在系列首饰制作的细节转化环节，学生运用 3D 打印技术制作首饰成品，选择更为精细化的树脂材料完善设计作品的细节设计，也是首饰作品的后处理与评价反思。湘潭大学将 3D 打印引入高校动画专业雕塑课程教学，学生利用三维软件在虚拟空间雕刻，通过 3D 打印得到实体作品。通过演示和展览 3D 打印作品的方式，使学生获得观察的经验[③]。

　　在医学教育领域，中南大学将 3D 打印技术和医学影像学相融合，3D 打印技术成为构架影像学与临床医学科学的桥梁，同时，影像学是开展医学 3D 打印的数据处理来源和建模基础[④]。此外，基于 3D 打印技术的医学影像学，将能给学员、学生以及所有临床专科医生提供精准直观的空间解剖学和功能信息，帮助他们理解和制定个体化精准诊疗策略（如手术方案），实现个体化精准治疗（如全息影像技术引导的术前和术中导航）。

　　在机械教育领域，河北科技大学在机械制造综合实践教学中应用 3D 打印，学

① Loy J. ELearning and eMaking：3D printing blurring the digital and the physical［J］. Education Sciences，2014，（4）：108-121.

② 曹超婵. 3D 打印与"首饰工艺制作"课程教学的结合与探讨［J］. 艺术研究，2015，（1）：198-199.

③ 马力，姜倩. 3D 打印在高校动画专业雕塑课程中的运用［J］. 美术教育研究，2018，（5）：102-103.

④ 易小平，欧利红，廖伟华. 3D 打印技术在医学影像课程教学中的应用探讨［J］. 湖南工业职业技术学院学报，2018，（3）：17-20.

生先用三维软件进行壳体造型，再进行铸造收缩率的缩放，然后用 MAGICS 软件对模型进行切片处理，最后在 3D 打印机上进行快速成型[①]。3D 打印得到的蜡模经过修整与抛光处理后即可进行熔模精密铸造，得到壳体的铸件。整个过程不过 2～3 周的时间，铸件精度可达 ±0.3mm，能完全满足减速器壳体的精度要求。更关键的是在壳体铸造过程中引入 3D 打印技术，节约了宝贵的课时，降低了壳体毛坯的制造成本。

激光切割技术也广泛应用于高校教学，湖南大学建筑学专业以激光切割机为工具的模型输出，结合大跨度建筑设计的特点，启发学生开展设计构思[②]。北京大学基础课"结晶学与矿物学的实验教学"根据课程要求构建晶体的三维模型并展示.，采用桌面型 3D 打印机进行实体成型；利用激光切割机雕刻切割晶体资料链接页面的二维码，并镶嵌在对应晶体模型中[③]。

基础教育领域,英国教育部及相关组织机构于 2012～2013 年实施了为期一年的探究 3D 打印技术在学科教学创新中的应用，该项目不仅取得了实质性教学应用成果，而且推动了 3D 打印技术在教育领域中的应用。3D 打印技术在英国中小学不同学科教育中均有应用。在科学教学中，3D 打印技术支持学生通过观摩教师利用 3D 打印机打印的模型来获得相关知识内容，有助于发展他们的观察能力、分析能力以及理解能力[④]。如"科学"学科教师可以利用 3D 打印机打印眼球模型，帮助学生理解有关眼球结构、功能等知识。其次，3D 打印技术支持学生在教师协助下主动构建 3D 模型，并对相关知识进行深度学习，提升他们探究事物本质、规律的能力。如科学教师可以组织学生在 3D 打印技术环境下讨论塑料的性能,也可以利用 3D 打印机协助学生构建分子、细胞甚至正弦波等模型。在数学教学中，3D 技术可以通过演示和协同构建两种方式帮助学生突破数学学科教学难点，为学生理解和掌握数学抽象概念，探究数学规律提供了可靠的技术支持，促进教学目标的实现。在"设计与技术"学科教学中,3D 技术可以通过创造与设计促进教学目标的实现以及跨学科知识的贯通，而且就如温莎男子学校的"设计与技术"（Design and Technology，DT）课

---

① 刘利剑，周京博，秦志英. 3D 打印在机械制造综合实践教学中的应用［J］. 教育教学论坛，2018，（8）：103-104.

② 宋明星，刘尔希等. 大跨度建筑设计教学方法研究——湖南大学 4 年级第 2 学期建筑设计教学［J］. 建筑学报，2014，（8）：97-101.

③ 郭艳军，陈斌等. 结晶学与矿物学虚拟仿真实验教学探索［J］. 实验室研究与探索，2017，36（8）：161-165.

④ 李柯影，郑燕林. 3D 打印技术在中小学教学中的应用"以英国中小学课堂引进 3D 打印技术项目为例"［J］. 现代教育技术，2015（4）：108-114.

程负责人认为，熟悉 3D 打印设计流程（计划、设计、制造和评估）的学生能够利用 3D 打印来缩短"制造"阶段的时间，使打印机在"打印"产品时更快。这意味着学生可以将更多的时间和精力分配到产品的"设计"上，发展他们的创新思维。

1.2.2 快速成型技术对教育的影响

1. 提升学习主动性

3D 技术可以作为动力激发工具和支持创新设计的技术工具应用到教学活动中，促进学生学习主动性的提高。3D 打印技术本身的功能特性以及对学习活动的支持作用决定了其作为技术支持工具对提升学生学习主动性有积极影响[1]。首先，3D 打印技术作为一种新型技术，其新颖性更加容易引起学生参与基于该技术的学习活动的好奇心和兴趣，激发他们主动参与学习活动的动机。其次，3D 打印技术的独特功能——快速打印模型或实物，支持并激励学生主动参与打印活动。学生可以利用 3D 打印机将自己的创新设计或想法以可视化方式呈现给教师和其他学习者，由此获得成就感，不仅会促进学生更加积极主动地参与学习活动，而且会激励他们主动参与设计。再者，3D 打印技术支持的学习活动有助于体现学生作为学习活动主体主动参与学习的重要性和价值，进而促进学生主动参与学习活动。基于 3D 打印技术的学习任务，需要学生主动分析打印任务、参与计划与决策、参与创新设计原型，这种主体意识和被需要的感觉让学生意识到自己在学习过程中的重要性和价值，促使学生更加主动地参与到打印活动。英国萨里郡艾格汉姆国际学校将 3D 打印整合到初中和高中的课程中，如该校 10 年级的珠宝设计项目和棋类游戏设计项目[2]。3D 打印课程让学生们的想象力在 3D 打印设计中自由发挥，并通过 3D 打印原型，判断自己的设计在现实世界中是否有效。

2. 培养创新思维

英国教育研究者认为在 3D 打印技术快速打印实物功能的支恃下，学生可将时间和精力集中在创新设计环节，有助于创新思维的培养。学生可以利用 3D 技术创

---

[1] 李柯影，郑燕林. 3D 打印技术在中小学教学中的应用"以英国中小学课堂引进 3D 打印技术项目为例"[J]. 现代教育技术，2015（4）：108-114.

[2] GalbraithA. Design students at ACS egham international school use stratasys 3D printer[OL]. http://www.3dprinterworld.com/article/design-students-acs-egham-international-school-use-stratasys-3d-printer.

造出完全属于自己的东西,利用尖端技术来形象化和创造他们自己的想象。如123Dcatch的网站允许用户从他们所拍摄的照片中创建自己的3D形象,当然还能在更广泛的范围内选取图像。网上画廊可以展示不同年龄段用户的作品。

3.探索教学方法

3D打印技术为中小学教育提供了新探索的可能。例如,英国3D打印技术在学科教学中的应用项目是在"人类可以通过制造和分享过程产生学习"理念指导下开展的学科教学创新探索项目。该理念的核心是"制造"和"分享",强调在真实情境中通过体验式学习与探究式学习是获得知识并实现学以致用的有效方式。学生通过3D打印技术,与真实的实践活动建立联系,并通过亲自动手操作获得直接的学习体验,提高解决问题的知识与技能水平。再如,波兰Henryk Sienkiewicz技术高中的教师Kawałek[①],将3D打印与城市历史教学相结合,通过3D建模和3D打印技术了解他们的城市在历史中各个重要阶段的变化,让学生建立起民族友谊、和谐共存的意识。

巴塞罗那材料科学研究所(Institute of Materials Science of Barcelona,ICMAB-CSIC)的一组科学家设计了一门课程,利用3D技术来教高中生学习材料科学。每个参与者都得到一个工具箱,里面有一只3Doodler 3D打印笔和几个3D打印的晶体结构,这些结构复现了材料的晶体结构,包括立方体、蜂巢和钻石结构[②]。其中还有些不完整的结构形状,将由高中生们用3Doodlers完成,不仅让他们更好地掌握和记忆结构本身,而且还能理解其形成方式。

---

① Scott C. 3D printing educator spotlight on: Jacek Kawalek, high school teacher and 3D printing expert, Poland[OL]. https://3dprint.com/180398/educator-spotlight-jacek-kawalek/.

② Scott C. 3D printing teaches high school students about materials science in a hands-on way[OL]. https://3dprint.com/139211/3d-printing-materials-science/.

第 2 章　3D 打印技术

2.1　3D 打印概述

　　3D 打印（Three-Dimensional Printing）技术是一种"从无到有"的增材制造方法[①]，其思想起源于 19 世纪末美国一项分层构造地貌地形图的专利，并在 20 世纪 80 年代得以发展与推广。3D 打印技术在美国发展迅速，其发展状况基本可代表全球 3D 打印技术的发展。1988 年，美国的 3D Systems 公司生产出了第一台 3D 打印装备 SLA250，开创了 3D 打印技术发展的新纪元。1991 年，美国 Stratasys 公司的熔融沉积制造（Fused Deposition Modeling，FDM）装备、以色列 Cubital 公司的实体平面固化（Solid Ground Curing，SGC）装备和美国 Helisys 公司的叠层实体制造（Laminated Object Manufacturing，LOM）装备都实现了商业化。1992 年，美国 DTM 公司（现属于 3D Systems 公司）的激光选区烧结（Selective Laser Sintering，SLS）装备研发成功，开启了 3D 打印技术发展热潮。1996 年，3D Systems 公司使用喷墨打印技术，制造出其第一台 3D 打印装备 Actua2100。1996 年，美国 Zcorp 公司也发布了 Z402 型 3D 打印装备。国内自 20 世纪 90 年代初开始 3D 打印技术研发，以华中科技大学研制的 LOM 装备和 SLS 装备、西安交通大学的光固化成型（Stereo Lithography，SL）装备、北京航空航天大学的激光快速成型装备以及清华大学的 FDM 装备最具

[①] 韩霞，杨恩源. 快速成型技术与应用[M] 北京：机械工业出版社，2012.

代表性[1]。

3D 打印技术是一项革命性技术，3D 打印无需机械加工或者模具，甚至无需在工厂进行操作。英国《经济学人》杂志则认为它将"与其他数字化生产模式一起推动实现第三次工业革命"，认为该技术将改变未来生产与生活模式，实现社会化制造，每个人都可以成为一个工厂。此外它将改变制造商品的方式，进而改变世界的经济格局，最终改变人类的生活方式[2]。

3D 打印机是 3D 打印的核心设备[3]，主要由高精度机械系统、数控系统、喷射系统和成型环境等子系统组成，是集机械、控制和计算机技术等为一体的复杂机电一体化系统。

2.1.1　3D 打印技术原理

3D 打印的制造技术有很多种，目前以熔融沉积快速成型、光固化成型、选择性激光烧结、叠层实体制造、三维喷涂黏结为主。

1. 熔融沉积快速成型

熔融沉积（Fused Deposition Modeling，FDM）又称熔丝沉积[4]，它是将丝状热熔性材料加热熔化，通过带有一个微细喷嘴的喷头挤喷出来。热熔材料熔化后从喷头喷出，沉积在制作面板或者前一层已固化的材料上，温度低于固化温度后开始固化，通过材料的层层堆积形成成品，如图 2-1 所示。其使用的材料一般是热塑性材料，如丙烯腈-丁二烯-苯乙烯共聚物（Acrylonitrile Butadiebce Styrene plastic，ABS）、聚碳酸酯（Polycarbonate，PC）、蜡、尼龙等。该技术的优点为系统构造原理和操作简单、成本低、材料的利用率高、去支撑简单等；缺点是成型件的表面有明显的条纹、沿成型轴垂直方向的强度比较弱、需要设计与制作支撑结构。目前随着技术的发展和产品的需要，出现了多喷头 FDM 和气压式 FDM，可以实现多种材料的混合打印。

---

① 卢秉恒，李涤尘. 增材制造（3D 打印）技术发展［J］. 机械制造与自动化，2013，42：1-4.
② 王飞跃. 从社会计算到社会制造：一场即将来临的产业革命［J］. 中国科学院院刊，2012，27：658-669.
③ Evans B. 解析 3D 打印机［M］. 北京：机械工业出版社，2014.
④ 余东满，李晓静，王笛. 熔融沉积快速成型工艺过程分析及应用［J］. 机械设计与制造，2011，（8）：65-67.

2．光固化成型

光固化成型（Stereo Lithography Apparatus，SLA）[①]，主要使用光敏树脂为材料，通过紫外线激光器或者其他光源照射凝固成型，逐层固化，最终得到完整的产品，如图 2-2 所示。其所用的光固化树脂材料主要包括低聚物、反应性稀释剂及光引发剂。该技术具有成型过程自动化程度高、尺寸精度高、表面质量优良、可以制作结构复杂的模型等优点；缺点为制件易变形、可使用材料的种类少、液态树脂有气味和毒性、制作物品较脆等。近年来，在微机电领域出现了微光固化快速成型工艺，是在传统的 SLA 技术的基础上，面向微机械结构制作的快速成型工艺。

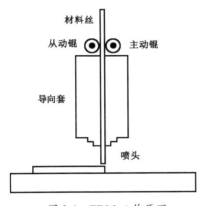

图 2-1　FDM 工作原理

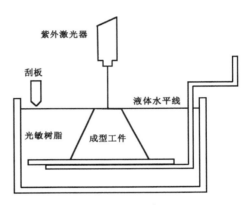

图 2-2　SLA 工作原理

3．选择性激光烧结

选择性激光烧结（Selecting Laser Sintering，SLS）[②]利用粉末材料在激光照射下烧结的原理，由计算机控制层叠堆积成型。一般的步骤是首先铺一层粉末材料，将材料预热到接近熔化点，再使用激光在该层截面上扫描，使粉末温度升至熔化点，然后烧结形成粘接，接着不断重复铺粉、烧结的过程，直至完成整个模型成型，如图 2-3 所示。该工艺材料适用面广，不仅能制造塑料零件，还能制造陶瓷、石蜡等材料的零件，特别是可以直接制造金属零件。该技术的优点为可采用多种材料、制作工艺简单、无需支撑结构、材料利用率高。其缺点为制作表面粗糙、烧结过程挥

---

① 袁慧羚，周天瑞. 光固化快速成型工艺的精度研究［J］. 南方金属，2009，（167）：24-27.
② 潘琰峰，沈以赴，顾冬冬，等. 选择性激光烧结技术的发展现状［J］. 工具技术，2004，38（6）：3-7.

发异味、制作过程需要比较复杂的辅助工艺等。

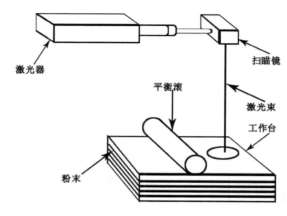

图 2-3　SLS 工作原理

4．叠层实体制造

叠层实体制造（Laminated Object Manufacturing，LOM）[①]主要由计算机、材料存储及送进机构、热粘压机构、激光切割系统、可升降工作台、数控系统和机架等组成。图 2-4 为其工作原理的示意图，首先在工作台上制作基底，工作台下降，送纸辊筒送进一个步距的纸材，工作台回升，热压滚筒滚压背面涂有热熔胶的纸材，将当前叠层与原来制作好的叠层或基底粘贴在一起，切片软件根据模型当前层面的轮廓控制激光切割器进行层面切割，逐层制作，当全部叠层制作完毕后，再将多余废料去除。其材料主要是纸、塑料薄膜、金属箔等薄层材料。该技术具有原材料便宜、制作尺寸大、无需支撑结构、操作方便等优点，也具有工件表面有台阶纹、工件的抗拉强度和弹性差、易吸湿膨胀等缺点。

5．三维喷涂黏结

三维喷涂黏结（Three Dimensional Printing and Gluing，3DPG）[②]，其工作原理如图 2-5 所示，首先铺粉或铺基底薄层，利用喷嘴按指定路径将液态黏结剂喷在预先铺好的粉层或薄层上特定区域，之后工作台下降一个层厚的距离，继续进行下一

---

① 李玲，王广春. 叠层实体制造技术及其应用［J］. 山东农机，2005，（3）：17-19.
② 梁建海. 粘接成型三维打印技术研究［D］. 西安：西安电子科技大学，2014.

叠层的铺粉，逐层黏结后去除多余底料便得到所需形状制件。所用材料可以为塑料、金属、陶瓷等。其优点为成本低、材料广泛、成型速度快、可以制造复杂形状的零件，缺点为表面粗糙度比较差、零件易变形甚至断裂、零件强度较低。

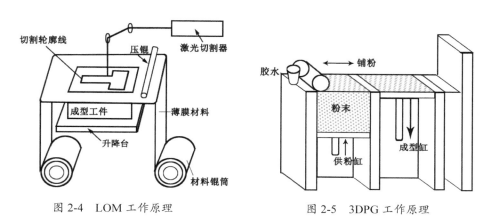

图 2-4　LOM 工作原理　　　　　图 2-5　3DPG 工作原理

除了上述几种比较成熟的技术，其他许多技术也已经开始实用化，如数码累积成型、光掩膜、弹道微粒制造、直接壳、三维焊接、直接烧结、全息干涉制造、光束干涉固化等技术。

2.1.2　3D 打印机类型

1．基于笛卡儿机械坐标系

笛卡儿坐标系由 3 条互相垂直的数值轴组成，可以在一维空间、二维（2D）空间或者三维（3D）空间中，描述任意一个点的位置。

如果在 2D 坐标平面上定位物体，如图 2-6 所示，使用由两条垂直的数值轴组成的网格。数值轴的交点称为原点，标记为 O。在网格上平铺 2D 物体时，把水平轴称为 x 轴，垂直轴称为 y 轴。然后，使用数对在网格上指定各个点。

把坐标系扩展到 3D 时，如图 2-7 所示，多了一条 z 轴。z 轴代表高度，这意味着在坐标系中指定点时，需要使用有序三元数组（x, y, z）。例如，基于笛卡儿机械坐标系的 MBot 3D 打印机（图 2-8），在 x 轴、y 轴、z 轴三个方向运动，挤出机沿着 x 轴从左至右运动，沿着 y 轴前后移动，打印平台则沿着 z 轴升降。MBot 3D 打印机有 x 轴、y 轴、z 轴，用于 3D 物品的打印。每个轴都有一个限位开关，当挤出机移动到轴的两端时，立即通知 MBot 3D 打印机停止电动机的运行，GRID II +打印机的软件系统把这

个限位开关定义为轴的原点。图 2-9 显示 GRID Ⅱ +打印机在坐标系中沿着每条轴运动。

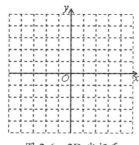

图 2-6　2D 坐标系

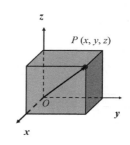

图 2-7　3D 坐标系

图 2-8　MBot 3D 打印机

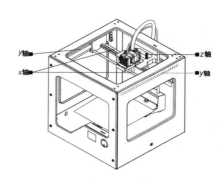

图 2-9　GRID Ⅱ +打印机在坐标系中沿着每条轴运动

2．基于极坐标

极坐标是在平面内由极点、极轴和极径组成的坐标系。在平面上取定一点 O，称为极点。从 O 出发引一条射线 Ox，称为极轴。再取定一个长度单位，通常规定角度取逆时针方向为正。基于极坐标的 3D 打印机，在进行 3D 打印时，构建平台旋转，而挤出机则沿着一个圆板来回移动打印，如 Sculpo 打印机。

3．基于 Delta

Delta 机器人，是一种小型化的并联机构，它有两个三角形平台，即位于上方的基座平台和位于下方的运动平台，基座平台的三边通过三条完全相同的运动链，分别连接运动平台的三条边上，能实现对轻小物件的快速抓取和放置。例如，Rostock 打印机、SpiderBot 3D 打印机等均使用 Delta 技术。

2.1.3　打印设备测试

　　3D 打印机的性能通常用打印测试模型进行测试，如图 2-15 和图 2-16 所示，这个模型的测试内容包括：①大小，对象是 4mm×50mm×50mm（基板）；②开孔尺寸，3 个孔直径分别是 3mm、4mm、5mm；③螺母尺寸，可精确匹配 M4；④精致的细节，如金字塔、锥体（各种尺寸）；⑤曲线的打印，如波浪形、半球；⑥壁与壁之间的最小距离为 0.1mm、0.2mm、0.3mm、0.4mm、0.5mm；⑦伸出为 25°、30°、35°、40°、45°；⑧平整度，所有平的区域。

图 2-10　3D 打印测试模型图

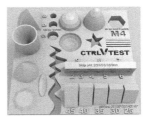

2-11　3D 打印测试模型正面

　　其他测试用的模型包括尺寸精度测试（图 2-12）、桥接表现测试（图 2-13）、悬垂表现测试（图 2-14）、负空间公差测试（图 2-15）、正空间性能测试（图 2-16）、XY 轴机械谐振测试（图 2-17）、Z 轴机械谐振测试（图 2-18）使用的模型，以及针对多材料打印机测试的 3D Benchy 模型（图 2-19）[1]。

图 2-12　尺寸精度测试

图 2-13　桥接表现测试

图 2-14　悬垂表现测试

图 2-15　负空间公差测试

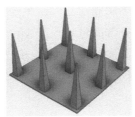

图 2-16　正空间性能测试

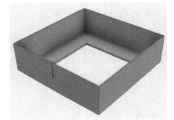

图 2-17　XY 轴机械谐振测试

---

[1] http://maker8.com/article-2362-1.html.

图 2-18 Z 轴　　　　图 2-19　3D Benchy 模型机械谐振测试

3D 打印机测试报告，通常需要包括以下内容：① 3D 打印的测试模型图片；② 3D 打印机参数及打印模型；③切层软件和切层设定（层厚、shell 数量、打印温度、挤料倍率、速度）；④打印时间，从挤出头与成型平台还是室温时开始，在开始打印的时候开始计时，并把预热的时间算进去，印后的流程也要继续计时，包含让挤出头和成型平台回到初始位置；⑤使用的线材。

2.1.4　3D 打印机使用

1．环境要求

（1）建议室温在 15～35℃。

（2）建议湿度在 40%以内。

（3）机器必须放置在平稳的平台上。

2．注意事项

（1）打开包装箱后对照装箱清单，检查所有部件是否齐全，并且检查所有部件是否完整无损坏。

（2）切勿剥除工作台上的蓝色耐高温胶带，它能显著增强材料的附着度，避免工件的底部支撑和工作台粘接不牢固。

（3）切勿去除包裹在喷嘴外部的包装，这是耐火陶瓷纤维织物和耐高温胶带，可有效保证喷头温度恒定，提高出丝流畅性和一致性。

（4）可以剪断扎在皮带上的扎扣。

3．安全防范

由于 3D 打印机工作中有高温部件，建议用户在打印过程中注意以下事项，以免出现危险。

（1）为避免烫伤，当打印机正在打印或打印刚完成时，禁止用手触摸模型、喷嘴、打印平台或机身其他部分。例如，打印机 3D-YUNDL-240（图 2-20），其加热头部分在工作工程中会产生 180～230℃高温，切记不可直接触摸。如遇卡料堵头现象，应等待温度降下后（3～5min）方可拆卸维修，如图 2-21 所示。

图 2-20　打印机 3D-YUNDL-240

图 2-21　打印机加热头

（2）XYZ 运动结构在打印工程中由电机驱动，会产生动力。所有打印过程中，请勿用手或身体其他部位拉扯，或做出干涉其运动动作，否则会造成夹伤后果。

（3）打印机必须放置在平稳的平台上，如图 2-22 所示，同时不要将打印机安装在有热源、多灰尘、有易燃和腐蚀性气体的环境中，以免起火或出现故障。

图 2-22　打印机必须放置在平稳的平台上

（4）不要让金属或液体接触打印机内部部件，否则会出现火灾、触电等伤害。

（5）打印机输入电源为 220V，为避免触电，请勿触摸设备底部的电气元件，请确保接入电源线中接地良好。

2.1.5　3D 打印材料

目前常见的打印材料主要有高分子材料、金属材料和无机非金属材料三类。

1. 高分子材料

1）塑料

在 3D 打印领域，塑料是最常用的打印材料，具有相对密度小、耐蚀性、电绝缘性、减摩、耐磨性、消声吸振性、良好的工艺性等优点。3D 打印常用塑料的种类有丙烯腈-丁二烯-苯乙烯共聚物（Acrylonitrile Butadiebce Styrene plastic，ABS）、聚碳酸酯（Polycarbonate，PC）、聚酰胺（Polyamide，PA，别名尼龙）、聚乳酸（Polylactic Acid，PLA）等[1]，如表 2-1 所示。另外，通过不同比例的材料混合，可以产生将近上百种软硬不同的新材料。

表 2-1　常用 3D 打印塑料材料列表

名称	主要性能	应用领域
ABS	具有优良的综合性能，有极好的冲击强度、尺寸稳定性好、电性能、耐磨性、抗化学药品性、染色性，成型加工和机械加工较好。可以通过加入适量的增韧剂和增溶剂，对 ABS 复合塑料进行改性研究，大幅度提高 ABS 复合材料的强度、韧性和力学性能	电子消费品、家电、汽车制造等
PC	真正的热塑性材料，高强度，耐高温，抗冲击，抗弯曲。可以与 ABS 混合，制作 PC/ABS 材料，结合了 PC 的强度及 ABS 的韧性，性能要明显优于 ABS	电子消费品、家电、汽车制造、航空航天和医疗器械等
PA	具有良好的综合性能，包括力学性能、耐热性、耐磨性、阻燃性、易加工、性能稳定等。可以用玻璃纤维和其他填料填充增强改性，研发出多种具有特殊性能的新品种	汽车制造、家电和电子消费品等
PLA	具有热稳定性好、抗溶剂性好、力学性能优良、可用多种方式进行加工等特点。PLA 制成的产品除能生物降解外，生物相容性、光泽度、透明性、手感和耐热性好，有的 PLA 还具有一定的抗菌性、阻燃性和抗紫外线性	服装、工业制造、建筑产业和医疗卫生等

2）光敏树脂

光敏树脂主要由光引发剂、预聚体、稀释剂及少量添加剂组成。在一定波长的紫外线照射下立刻引起聚合反应完成固化。光敏树脂一般为液态，主要应用于 SLA 技术，用于制作高强度、耐高温、防水等制品。国外对光敏树脂进行了研制、开发、生产，已形成系列产品，而我国对 3D 打印用光敏树脂的研究较少，且开发出树脂的固化质量不高，制作的零件精度低，力学性能不好，毒性较大。

3）橡胶

普通的橡胶制品大部分使用单一的混合材料，为了满足 3D 打印技术的要求，橡胶需要使用各种配合剂和填充剂，同时需要经过硫化工艺来获得需要的物理力学

---

① 孙聚杰. 3D 打印材料及研究热点［J］. 丝网印刷，2013，（12）：34-39.

性能、物理化学性能。目前3D打印技术已成功打印出球靴、衣服等橡胶制品，比较适合于要求防滑或柔软表面的应用领域，如电子品消费、医疗设备、汽车内饰和服装等行业。

2．金属材料

金属材料是3D打印材料中未来应用市场最为广泛的材料。然而由于金属材料的3D打印的难度较大，目前可以用于打印的金属材料的种类比较少，主要有不锈钢、钛合金、铁镍合金、铝合金等材料。其主要性能和应用领域如表2-2所示。

表2-2　常用3D打印金属材料列表

名称	主要性能	应用领域
不锈钢	很好的抗腐蚀性及力学性能，可以做成多种颜色，且价格低廉	家电、汽车制造、航空航天、医疗器械等
钛合金	密度低、强度高、耐腐蚀、熔点高、导热率低、硬且脆等	航空航天、家电、汽车制造、医疗等
铁镍合金	高温下具有优异的力学性能和化学特性、极佳的蠕变断裂强度等	航空航天、工业制造等
铝合金	密度低、强度高、表面光滑度好，经热处理后可获得良好的力学性能、物理性能和抗腐蚀性等	工业制造、航空航天、汽车制造等

3．无机非金属材料

无机非金属材料具有稳定的物理和化学性能、防火性能、防水性能、抗腐蚀性、耐候性等优点，目前用于3D打印的主要有陶瓷、混凝土等材料。

3D打印用的陶瓷材料主要由陶瓷粉末和黏结剂组成，一般采用激光烧结的方式使黏结剂粉末熔化后将陶瓷粉末黏结在一起。3D打印的陶瓷制品具有不透水、耐热、可回收、无毒、易碎等特点，可以作为理想的餐具、瓷砖、花瓶、艺术品等家具材料。此外，陶瓷和金属结合构成金属陶瓷。金属陶瓷是一种由粉末冶金方法制成的陶瓷与金属的复合材料。

混凝土材料是当今社会最为重要的土木工程材料之一，但是普通混凝土无法满足3D打印技术的需要，3D打印对混凝土的性能提出了进一步的要求，体现在新拌混凝土需具有可挤出性、混凝土浆体要具有较好的黏聚性和硬化混凝土的力学性能及耐久性等方面。只有具备这些优良的性能，才不会出现坍塌、倾斜等中断打印施工的现象，同时打印出的结构强度高且空隙小。

此外，彩色石膏材料、人造骨粉、细胞生物原料以及砂糖等食品材料也在 3D 打印领域得到了应用。

3D 打印成型技术也影响材料的选择，3D 打印技术及匹配材料如表 2-3 所示。

表 2-3　3D 打印技术及匹配材料

类型	成型技术	适用材料
挤压成型	熔融沉积成型（FDM）	热塑性塑料、金属、可食用材料
线状成型	电子束自由成型（EBF）	几乎任何合金
粒状物料成型	直接金属激光烧结（DMLS）	几乎任何合金
	电子束融化成型（EBM）	钛合金
	选择性激光熔融（SLM）	钛合金、不锈钢、铝
	选择性热烧结成型（SHS）	热塑性粉末
	选择性激光烧结（SLS）	热塑性塑料、金属粉末、陶瓷粉末
粉末层喷头成型	三维印刷（3DP）	石膏、热塑性塑料、金属与陶瓷粉末
光聚合成型	立体光固化成型（SLA）	光硬化树脂
	聚合物喷射（PI）	光硬化树脂
	数字光处理（DLP）	液态树脂

2.2　3D 打印流程

通常 3D 打印一个物体需要经历三维建模、分层切割、打印喷涂和后期处理四个主要阶段[①]。

---

① 王灿才. 3D 打印的发展现状分析［J］. 丝网印刷，2012，（9）：37-41.

1. 三维建模

根据产品创意设计图，选择合适的 3D 软件进行建模设计，设计出的实体模型相当于二维打印的"原稿"。3D 打印的质量由 3D 建模质量决定，因此 3D 打印是建立在 CAD 基础之上的。几乎所有的 3D 建模软件都可以实现建模，可以使用 3D ONE、Blender、SketchUp、AutoCAD 等三维建模软件从零开始建立三维数字化模型，或者直接使用其他人已做好的 3D 模型。

通过三维建模软件得到的 3D 模型通常是以 STL 文件格式保存的。STL 表示光固化（Stereo Lithography），有时候也表示曲面细分语言（Surface Tesselation Language）。STL 是一种"最小公分母"的文件格式，在 STL 文件中的三角面片的信息单元 facet 是一个带矢量方向的三角面片，STL 三维模型就是由一系列这样的三角面片构成的。STL 不是一种非常有效的格式，但它具有生成和处理都相对简单的优点，STL 格式兼有 ASCII 和二进制两种版本。

在生成 STL 文件里可能会包含一些错误，如存在孔洞缺陷或反向法线，这取决于模型的复杂度，因此在打印之前需要对其进行修整。CAM 软件可以自动检查出这些错误，如 Slic3r。还有一种方法是通过开源 STL 文件编辑处理工具 MeshLab。

此外，还可以通过 3D 扫描仪获得三维数字模型，3D 扫描仪是融合光、机、电和计算机技术于一体的高科技产品，主要用于获取物体外表面的三维坐标及物体的三维数字化模型。该设备不但可用于产品的逆向工程、三维检测等领域，而且随着三维扫描技术的不断深入发展，如三维影视动画、数字化展览馆、服装量身定制、计算机虚拟现实仿真与可视化等越来越多的行业也开始应用三维扫描仪这一便捷的手段来创建实物的数字化模型。

通过 3D 扫描仪非接触扫描实物模型，得到实物表面精确的三维点云数据，最终生成实物的数字模型，不仅速度快，而且精度高，几乎可以完美地复制现实世界中的任何物体，以数字化的形式逼真地重现现实世界。

专业 3D 扫描仪如 GoScan 或 Kinect 等 DIY 扫描设备均可获取对象的三维数据，并且以数字化方式生成三维模型。

3D 扫描仪一般具有全自动拼接和整体误差控制模块，多幅点云拼接无累积误差和分层现象；高精度的标记点识别和先进的型心偏畸纠正算法，完全满足薄壁件拼接过渡的需求（图 2-23）。3D 扫描仪采用多分辨率组合扫描方式，对于大部件的细节和孔位，仍然保证高分辨率和高精度。3D 扫描仪采用两组相机，自由切换，中间过程无须再标定，组合扫描，实现精密花纹的高精度扫描、整体结构无漏洞完整扫描（图 2-24）。

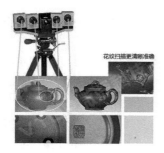

图 2-23　3D 扫描仪工作过程

图 2-24　多分辨率组合扫描方式

2．分层切割

3D 打印机并不能直接操作 3D 模型，当 3D 模型输入计算机以后，还需要将这个模型进行分层，生成具体的路径文件和代码，告诉打印机如何控制加热头移动，什么时候移动，什么时候挤出热熔丝，这个过程称为切片，将模型切分成一层层的薄片，每个薄片的厚度由喷涂材料的属性和打印机的规格决定。

可以采用的切片软件有 Slic3r 和 Cura。以 Cura 为例，如图 2-25 和图 2-26 所示，其基础参数如下。

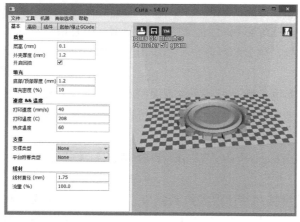

图 2-25　Cura 界面

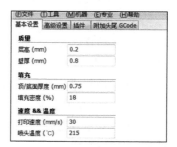

图 2-26　Cura 主要参数

（1）层高代表打印每层的高度，是决定侧面打印质量的重要参数，最大层高不得超过喷头直径的 80%，一般打印使用 0.2mm，高质量打印使用 0.1mm，高速低质量打印使用 0.3mm。

（2）壁厚为模型侧面外壁的厚度，该参数和喷嘴大小参数一起使用，用于计算外壁的长度及厚度，一般设置为喷头直径的整数倍。

（3）顶/底面厚度，此项参数用来设置顶层和底层的厚度，顶部和底部实心填充层的计算来自于这个参数，所以这个厚度参数的数值最好是层厚的倍数，同时尽量和外壁厚度保持一致，使得物体更坚固。

（4）填充密度，此项参数设置用来控制内部填充，打印坚硬物体参数值设置为100%，打印中空物体参数值为 0%，默认参数是 18%，一般参数值设为 20%就可以了。

（5）打印速度是指打印时喷嘴的移动速度，也就是吐丝时运动的速度，默认速度为 30.0mm/s，一个调校很好的机器打印速度可以达到 150mm/s，但要想确保质量请使用较低的速度打印，简单模型使用高速，一般使用 30.0mm/s 即可，速度过高会引起送丝不足的问题。

（6）喷头温度是指熔化耗材的温度，此项参数是关于打印机打印温度的设置，打印温度影响打印的质量，因此要根据打印材料进行打印温度的设置，PLA 材料的打印温度一般为 210℃，ABS 材料的打印温度一般为 230℃，甚至更高，默认的是215℃。

（7）热床温度，此项参数是关于打印机打印平台加热的温度的设置，一般设置为 60℃即可。

（8）支撑类型，此项设置是根据模型的特点选择增加支撑的类型，选择【None】选项模型不选择任何支撑类型；选择【Touching buildplate】选项模型自动增加与平台接触的支撑结构，即模型悬空角度小于等于 60°添加支撑，此选项为常用选项；选择【Everywhere】选项模型自动增加与平台接触的支撑结构以及物体内部支撑结构。

（9）平台附着类型，此项设置是根据模型的特点选择附着平台的类型，防止打印的模型翘边，选择【None】选项不选择任何附着类型；选择【Brim】选项会在打印模型周边增加一个很厚的底层，便于物体剥离，推荐使用；选择【Raft】选项会在打印体上增加一个很厚的底层及一个很薄的上层。

3．打印喷涂

3D 打印过程类似于喷墨打印机的工作过程，所不同的是喷墨打印机逐行喷绘完整图案时即结束工作，可看到喷嘴中喷出的材料形成的二维图形，而 3D 打印机在完成了第一层喷绘后会在其基础上进行第二层喷绘，喷绘的层数是根据数据分割二维薄片的层数决定的。根据工作原理的不同，有多种实现方式。比较流行的做法是先喷一层胶水，然后在上面撒一层粉末，如此反复；或通过高能激光熔化合金材料，一层一层地熔结成模型。整个过程根据模型大小、复杂程度、打印材质和工艺耗时几分钟到数天不等。

4．后期处理

模型打印完成后一般会有毛刺或粗糙的截面，这时需要对模型进行后期加工，如打磨砂光、丙酮抛光、上色涂装、染色等，才能最终完成所需要的模型的制作。

图 2-27　水砂纸

打磨砂光，这种方法使用的工具也比较简单，主要是砂纸、打磨棒，任何机械打磨都可能熔化塑料。ABS 材料可以通过打磨增白，但在弯曲时也会发生扭伤。砂纸通常有 600 号、800 号、1000 号、1200 号、1500 号水砂纸（图 2-27）。水砂纸在打磨时，要加一点水，号码越大，砂纸越细，用 800 号磨完再用 1000 号的磨。磨完之后，零件会没有光泽，这时候要用牙膏抹在布上对零件进行打磨，恢复光泽。

丙酮抛光，使用丙酮蒸气熏蒸 3D 模型，利用 ABS 溶于丙酮的特性对模型实现抛光，使用丙酮抛光最要注意的是安全问题，丙酮有毒、易燃易爆、有刺激性，使用丙酮抛光建议在良好的通风环境下，佩戴防毒面具等安全装备，图 2-28 为丙酮抛光效果。制作者经常自制丙酮抛光设备。

图 2-28　丙酮抛光效果

例如，美国俄亥俄州工程师 Graham 研发蒸气抛光装置——超声波雾化 3D 蒸气抛光器[①]。他使用压电式变频器来制造振荡和振动，产生气雾。为了控制气雾达到表面处理的目的，他使用电位计操纵振动。另外，Graham 还使用水族箱气流泵来保持雾气移动，从而在 3D 打印对象上创造出平滑的表面。

上色涂装，ABS 和 PLA 材料可以使用丙烯颜料进行上色涂装，上色时需要涂

---

① http://www.china3dprint.com/3dnews/10308.html.

上一层浅色打底（浅灰色或白色），再涂上主色，以防出现颜色不均匀或反色的现象。此外，需要采用十字交叉涂法进行上色，即等第一层要干未干的情况下，再加上第二层的新鲜油漆，第二层的笔刷方向和第一层成直角。涂装工具有毛笔、喷笔、喷枪、遮盖带、上色夹、气泵、排风扇、颜料、稀释剂、洗笔剂、调色皿、滴管、不粘胶条、纸巾、棉签、细竹棒、转台，如图 2-29 和图 2-30 所示。

图 2-47　笔涂上色工具　　　　　　　图 2-48　喷笔

　　染色，适用于尼龙材料，尼龙长丝通常是白色的，容易染色。染色以单色为主，纯色浸染较为灰暗，受材料和色彩的局限。常见的染剂如 Rit 染剂[1]，在染色前，预先将成型品浸泡在水中 30min 以上，让水分充分浸入成型品中就可以预防色斑产生。此外，泡水也可以去除附着在成型品上的细微杂质，杂质附着会造成色斑。染色时需使用热水，同时让染剂粉末完全溶解于水中。然后把染色的成型品浸泡热水数分钟，漂洗出多余的染剂。最后，晒干模型。

2.3　3D 打印应用

　　3D 打印的应用范围正在迅速扩张，已逐步应用于制造业的各个领域，包括日常生活用品、食品、汽车行业、航空航天、军事、模具制造等领域，3D 打印可以以较低的成本和较高的效率生产小批量的定制部件，完成复杂而精细的造型。

　　在汽车行业，3D 打印给汽车设计注入全新的理念。设计公司 KOR Ecologic、直接数字制造商 RedEye On Demand 以及 3D 打印制造商 Stratsys 合作完成的一款用3D 打印制造的高燃油效率混合动力车 Urbee 2。Urbee 2 的车身是 3D 打印成一体式的，而其他大部分组件还是分别打印，再填充到车身里面，其中发动机和底盘仍是金属的，采用传统工艺制作而成。相较一辆传统工艺制造的汽车所需成百上千的零部件而言，Urbee 2 汽车只需要几十个零部件。

---

[1] http://www.zg3ddyw.com/gd/syms/1292.html.

在建筑领域，俄罗斯、中国、美国和荷兰的 3D 打印公司已经证明，建筑不仅可以 3D 打印，而且可以廉价、高效和轻松地建造。例如，在北京通州区宋庄镇的工业区，利用 3D 打印技术，用时 45 天，整体打印出一栋 400 平方米的两层别墅。别墅用 3D 打印机直接浇筑成型，取消了模板工序，能够降低工程造价成本，用机械施工代替人工，能缩短施工工期，加快施工速度，且不容易受到天气因素的影响。

在设计领域，3D 打印不仅成为产品制造工具，还影响着人们对设计的理解。服装设计师艾里斯·范·荷本的设计中，运用 3D 打印技术，进行时装的材料、工艺和技术方面的大胆试验。3D 打印技术为设计产品的生产带来变革，位于纽约的创意消费品公司 Quirky 支持设计师在线提交设计方案，通过 3D 打印制成实物，并通过电商网站销售，每年推出六十多种创新产品。

在医疗领域，3D 打印被用于制作人体器官的替换材料。2013 年初，欧洲的医生和工程师利用 3D 打印定制出一个人造下颚以替换病人的受损骨骼，成功地使病人得以康复。同时，德国的研究人员采用 3D 打印技术制造具有生物相容性的人造血管。3D 打印应用于医用模型。Fasel 等提出将 3D 打印技术融入到解剖学教学中。他们将 3D 打印的精度较高的医用模型与影像资料、传统解剖相结合，有利于医学生对知识、技能的掌握，同时也符合外科教学趋势[①]。

在航天领域，航空航天领域的制造工艺具有特殊性，既希望获得质量轻、强度大，甚至具有特殊电性能和热性能的部件，又希望降低研究制造成本和周期，而具有特殊工艺特点的 3D 打印技术恰恰满足了这种需求。金属原材料 3D 打印尽管昂贵，但大大减少了材料浪费。例如，空客 A320 铰链托架就是使用 3D 打印。

---

① 杨新宇，詹成，等. 3D 打印技术在医学中的应用进展［J］. 复旦学报（医学版），2016，（4）：490-494.

第 3 章　3D 建模设计

3.1　3D 建模设计概述

3D 建模设计是利用三维设计软件通过虚拟三维空间构建出具有三维数据的模型。3D 建模主要分为曲面建模和多边形建模两类。

1．曲面建模（NURBS 建模）

NURBS 是 Non-Uniform Rational B-Splines 的缩写，是"非统一均分有理性 B 样条"的意思，NURBS 造型总是由曲线和曲面来定义的，基本上依靠曲线来创建面，首先绘制曲线，然后通过旋转、放样、挤出等命令得到曲面，并最终组成模型，多适用于制作工业模型。如图 3-1 和图 3-2 所示，在 3D 建模设计 Maya 中，将一条曲

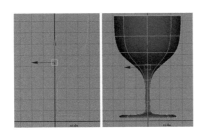

图 3-1　通过 NURBS 曲线的旋转命令创建物体　　图 3-2　通过 NURBS 曲线的放样命令
创建物体

线绘制成酒杯轮廓形状，然后通过旋转该曲线，形成酒杯；将多条曲线通过曲线放样，创建出一个花瓶。

2．多边形建模（Polygon 建模）

首先选取 3D 建模设计软件提供的多边形原始物体，通过对多边形点、边、面的控制改变其形状，并通过挤压、提取、布尔等命令，创建多边形物体。如图 3-3 和图 3-4 所示，在 3D 设计软件 Maya 中，将一个立方体和 6 个球体进行布尔运算，形成一个新的物体；将一个立方体利用挤压命令，创建成一个哑铃。

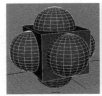
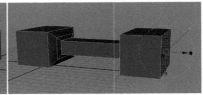

图 3-3　多边形布尔运算　　　　　　图 3-4　多边形挤压命令制作哑铃

常见的 3D 建模设计软件有 SketchUp、Blender、123D Design、FreeCAD、OpenSCAD、TinkerCAD、SolidWorks、Rhino、AutoCAD、Fusion 360、Autodesk Inventor、Autodesk 123D Make、Maya、3D Max、3D One、IME3D、Happy-Uni 等，如表 3-1 所示。

表 3-1　常用的设计软件举例

名称	用途
Fusion 360	Fusion 360 是美国 Autodesk 公司推出的一款三维可视化设计软件，整合了三维 CAD、CAM 和 CAE 工具。它同时适用于 Mac 和 PC 的平台，将整个产品开发流程紧密衔接在一起。
LibreCAD	LibreCAD 是一款开源免费的 2D CAD 制图软件。它是基于社区版本 QCAD 构建，并利用 Qt4 进行了重构，原生支持 Mac OSX、Windows 和 Linux 。
3D One	3DOne 系列软件定位为专门为国内创客教育定制开发的创意设计软件。不仅功能简洁易学，而且为用户专门构建了一个基于 3D 打印、激光切割设计与制造的社区。3DOne 系列软件与社区联通，可以调用社区内大量用户人群分享的模型与课程案例，方便用户使用。

续表

名称	用途
TinkerCAD	TinkerCAD 是一个免费的在线软件,可进行 3D 设计、电子设计、编程等。TinkerCAD 提供基本形状供作为设计基础,另外也可导入自己的 STL 文件,并在上面进行拖拽、旋转、组合、增减等修改。该软件输出 STL 文件,可以直接进行 3D 打印。
123D Design	123D Design 是一款免费的 CAD 设计软件,适用于 Windows 系统。123D Design 提供了一些简单的三维图形,通过对这些简单图形的堆砌和编辑,生成复杂形状。这种"傻瓜式"的建模方式感觉像是在搭积木。
123D Make	123D Make 是一款免费 3D 建模软件。此外,软件能够将数字三维模型转换为二维切割图案,用户可利用硬纸板、木料、布料、金属或塑料等低成本材料将这些图案迅速拼装成实物,从而再现原来的数字化模型。
SketchUp	SketchUp 是一款三维设计软件。其 SketchUp for Schools 现已在 Web 浏览器中可用,并与 Google Drive 和 Google Classroom 集成,可在 Chromebook 或任何联网计算机上工作。
Blender	Blender 是一款开源跨平台的三维动画制作软件,提供从建模、动画、材质、渲染、到音频处理、视频剪辑等一系列动画短片制作解决方案。
SolidWorks	SolidWorks 是一款 3D CAD 软件,拥有 3D 建模、设计仿真和数据管理功能。从零件设计、装配设计到工程图,使整个产品设计过程可编辑。
MAYA	Maya 是一款三维动画软件,应用对象是专业的影视广告、角色动画、电影特技等。Maya 功能完善,工作灵活,易学易用,制作效率极高,渲染真实感极强,是电影级别的高端制作软件.

3.2 3D 建模实践

3D 建模设计软件有很多种,在中小学 3D 建模的教学过程中,具备界面简洁、平面草图绘制、能实现准确测量、更直观图形交互、支持与主流 3D 打印控制系统的直接连接、无须格式转化操作即可直接进入 3D 打印机的分层软件中等特点,将易于中小学操作。本节选取具有上述特点的众多 3D 建模设计软件之一的 3D One 进行介绍,此外 3D One 还支持 DIY 管理和云端存储。

3D One 的主界面主要包括主菜单、标题栏、帮助和授权、主要命令工具栏、XY 平面网格、案例资源库、视图导航、DA 工具条、坐标值和单位展示框,如

图 3-5 所示。

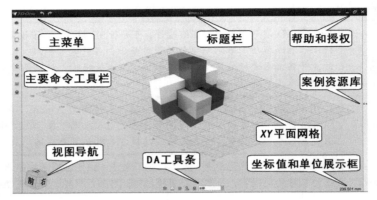

图 3-5　3D One 的主界面

1．主菜单

主菜单包括新建文件、本地磁盘、输入文件、保存文件、另存为、输出文件、快速撤销、重做命令。其中，3D One 默认格式是 Z1，导入第三方格式有 Z3PRT、IGES、STP、STL；导出格式支持 IGES、STP、STL、JPEG、PNG 以及 PDF。

2．标题栏

标题栏主要用于显示当前编辑的文件名称。

3．帮助和授权

帮助和授权包含快速提示（提供快速提示以便进行下一步操作）、许可管理器（打开许可管理器进行许可授权管理）、关于（显示软件版权归属、版本号和用户目录等信息）。

4．主要命令工具栏

主要命令工具栏包括基本实体、草图绘制、草图编辑、特征造型、特殊功能、基本编辑、组合编辑、测量距离和材质渲染。

（1）基本实体：六面体、球体、圆柱体、圆锥体、椭球体。

（2）草图绘制：矩形、圆形、椭圆、正多边形、直线、圆弧、多段线……

（3）草图编辑：圆角、倒角、单击裁剪、修剪/延伸……

（4）特征造型：拉伸、拔模、扫掠……

（5）特殊功能：曲线分割、实体分割、抽壳、圆柱折弯……

（6）基本编辑：移动、缩放、阵列、镜像……

（7）组合编辑：将不同的形状进行组合。

（8）测量距离：测量两点之间的距离。

（9）材质渲染：为材质加上渲染效果。

5．*XY* 平面网格

平面网格帮助用户进行位置确定，可以选择关闭或者显示。平面网格实现支持点捕捉，也就是可以在平面网格上取所需要定义的任何点，也可以在定义草图平面时捕捉 3D 栅格的任意位置。

6．案例资源库

单击案例资源库可以查看本地磁盘、社区精选和网络云盘的案例库，直接调用各种现成的模型。

7．视图导航

视图导航用于指示当前视图的朝向，多面骰子的 26 个面 3D One 均支持单击，单击后界面即将视图对正改面方向。

8．DA 工具条

DA 工具条包括查看视图、显示模式、隐藏和显示、合理缩放、3D 打印、视图区过滤器。

9．坐标值和单位展示框

即时显示当前鼠标相对于世界坐标的坐标值和单位信息。例如，在草图环境中，显示相对当前草图原点的 *X* 和 *Y* 值，即原平台的 View→Readout 功能。

3.2.1　制作轴零件

物品由不同零件组合而成，3D 建模设计过程中可以根据分割的思想，将不同零件分别制作，然后进行组装。通过制作轴零件可以很好地理解分割建模思想，如图 3-6 和图 3-7 所示。

图 3-6　轴零件

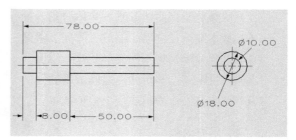

图 3-7　轴零件图（单位：mm）

（1）画小圆。启动 3D One 软件，鼠标移动到绘图界面左侧的【草图绘制】下的【圆形】命令 ⊙ ，显示【圆形】对话框，如图 3-8 所示，选择坐标原点为圆心，在原点外合适处单击选择另一点，勾选直径，并在【直径】处输入 10，作为轴零件轴面的直径，再单击对话框的【确定】按钮 ✓ ，单击绘图平面上方的【确定】按钮 ✓ ，退出草图，参数设置及绘制效果如图 3-9 所示。

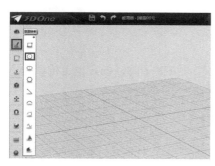

图 3-8　圆形命令

图 3-9　输入轴零件轴面直径数值

（2）小圆拉伸特征。鼠标移动到绘图界面左侧的【特征造型】下的【拉伸】命令 ，显示【拉伸】对话框，如图 3-10 所示，【轮廓 P】选择刚绘制的圆，【拉伸类型】选择 1 边，其他设置保持默认，单击拉伸默认数值改为 8，作为轴零件下段的轴高，单击【Enter】键确认，再单击对话框的【确定】按钮 ✓ ，完成拉伸。参数设置及绘制效果如图 3-11 所示。

（3）画大圆。鼠标移动到绘图界面左侧的【草图绘制】下的【圆形】命令 ⊙ ，显示【圆形】对话框，单击右侧【视图】窗口中的拉伸圆柱下平面，选择坐标原点为圆心，在原点外合适处单击选择另一点，勾选直径，并在【直径】处输入 18，作为轴零件外圆柱面的直径，再单击对话框的【确定】按钮 ✓ ，单击绘图平面上方的【确定】按钮 ，退出草图，参数设置及绘制效果如图 3-12 所示。

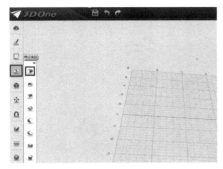

图 3-10 拉伸命令

图 3-11 设置轴零件轴拉伸类型

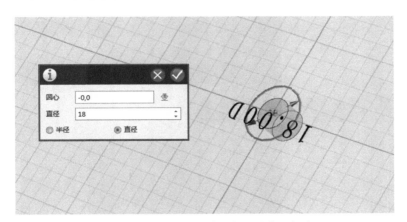

图 3-12 设置轴零件外圆柱面的直径数值

（4）大圆拉伸特征。鼠标移动到绘图界面左侧的【特征造型】下的【拉伸】命令，显示【拉伸】对话框，【轮廓 P】选择刚绘制的圆，【拉伸类型】选择 1 边，【布尔运算】选择加运算，其他设置保持默认，单击拉伸默认数值，将其改为 20，单击【Enter】键确认，再单击对话框的【确定】按钮，完成拉伸。参数设置及绘制效果如图 3-13 所示。

（5）画内圆。鼠标移动到绘图界面左侧的【草图绘制】下的【圆形】命令 ⊙，显示【圆形】对话框，单击右侧【视图】窗口中的新拉伸圆柱上平面，选择坐标原点为圆心，在原点外合适处单击选择另一点，勾选直径，并在【直径】处输入 10，作为轴零件轴面直径，再单击对话框的【确定】按钮，单击绘图平面上方的【确定】按钮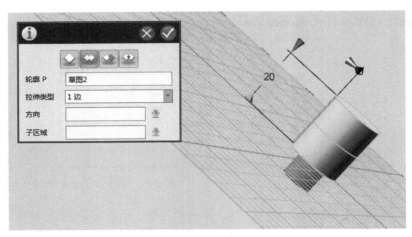，退出草图，参数设置及绘制效果如图 3-14 所示。

图 3-13　设置轴零件外圆柱拉伸类型

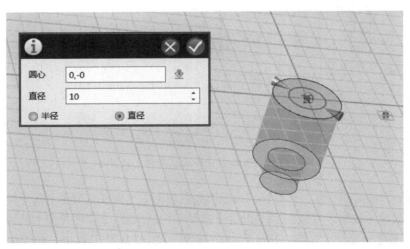

图 3-14　设置轴零件轴面的直径数值

（6）内圆拉伸特征。鼠标移动到绘图界面左侧的【特征造型】下的【拉伸】命令，显示【拉伸】对话框，【轮廓 P】选择刚绘制的圆，【拉伸类型】选择 1 边，【布尔运算】选择加运算，其他设置保持默认，单击拉伸默认数值，将其改为 50，作为轴零件上段的轴高，单击【Enter】键确认，再单击对话框的【确定】按钮，完成拉伸。参数设置及绘制效果如图 3-15 所示。

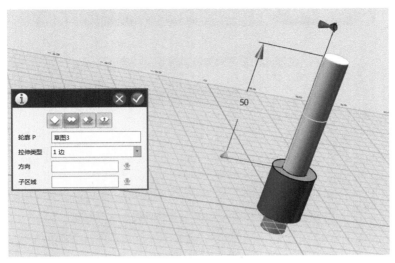

图 3-15　设置轴零件轴的拉伸类型及上段轴高

（7）材质渲染。单击绘图界面左侧的【材质渲染】命令 ●，显示对话框，【实体】选择刚绘制的造型，在【颜色】一栏中选择自己设置的颜色，同样可以在自定义中通过改变色调、饱和度以及亮度来改变颜色，也可以在拾色板中选取颜色，还可以改变透明度来达到自己的设计效果。参数设置及轴零件最终效果如图 3-16 和图 3-17 所示，再单击对话框的【确定】按钮 ✓。

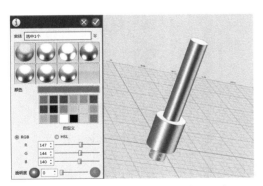

图 3-16　设置轴零件的材质并选取颜色

图 3-17　轴零件最终效果

（8）保存。单击绘图界面上侧的【保存】命令 🖫，显示对话框，【文件名】输入轴，如图 3-18 所示，再单击【保存】按钮完成保存。

图 3-18　保存文件

3.2.2　制作其他机械零件

在工程机械上，有很多类似图 3-19 中的机械零件，这些零件的设计都有一些自身的标准，包括孔的直径尺寸、孔的位置等，其三维软件制作的效果如图 3-20 所示。

图 3-19　零件实物

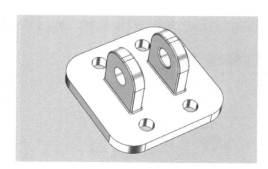

图 3-20　三维软件制作的零件

（1）启动软件。双击桌面 3D One 软件图标，打开软件如图 3-21 所示。

（2）绘制零件底面。鼠标移动到绘图界面左侧的【草图绘制】下的【矩形】命令□，单击坐标平面，确定其为零件所在的草图平面。【点 1】处输入（−50，−50），【点 2】处输入（50，50）。单击对话框的【确定】按钮☑，完成零件底面的矩形绘制。单击绘图平面上方的【确定】按钮，退出草图，参数设置及绘制效果如图 3-22 所示。

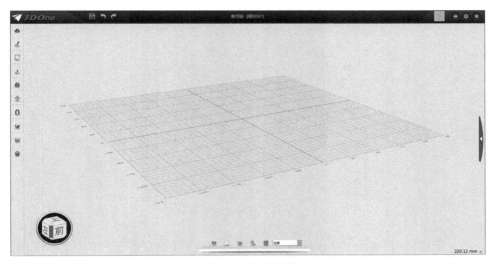

图 3-21 启动软件

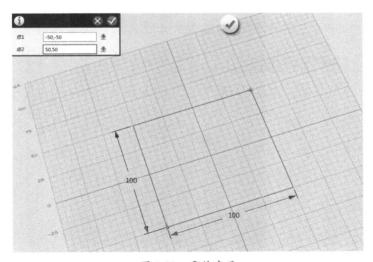

图 3-22 零件底面

（3）拉伸形成零件底面厚度。鼠标移动到绘图界面左侧的【特征造型】下的【拉伸】命令，显示【拉伸】对话框，【轮廓 P】选择刚绘制的草图，【布尔运算】选择基体，【拉伸类型】选择 1 边，其他设置保持默认，单击拉伸默认数值，将其改为 10，单击【Enter】键确认，再单击对话框的【确定】按钮，完成零件底面拉伸。参数设置及零件底面厚度效果如图 3-23 所示。

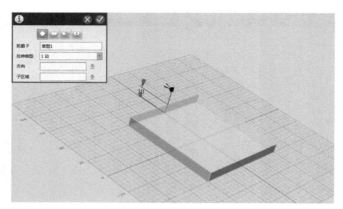

图 3-23　零件底面厚度

（4）零件底面圆角。鼠标移动到绘图界面左侧的【特征造型】下的【圆角】命令🔲，显示【圆角】对话框，【边】选择如图 3-24 所示四条边，单击圆角默认数值，将其改为 20，单击【Enter】键确认，再单击对话框的【确定】按钮✅，完成零件底面圆角操作。参数设置及绘制效果如图 3-24 所示。

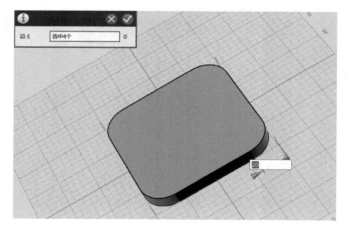

图 3-24　零件底面圆角

（5）绘制零件底座孔。鼠标移动到绘图界面左侧的【草图绘制】下的【圆形】命令🔵，单击坐标平面，确定其为草图面，显示【圆形】对话框，【圆心】输入（20，35），在原点外合适处单击选择另一点，勾选半径，并在【半径】处输入 6，再单击对话框的【确定】按钮✅，参数设置及零件孔效果如图 3-25 所示。

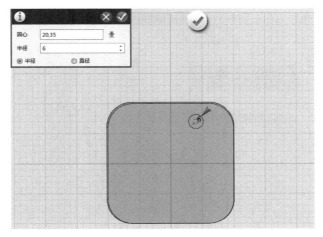

图 3-25　设置零件底座孔圆心及半径

（6）镜像零件底座孔。

①单击绘图界面左侧的【基本编辑】下的【镜像】命令 ▲，显示对话框，【实体】选择刚绘制的圆，【镜像线】选择如图 3-26a 所示，单击对话框的【确定】按钮▨，完成零件底座孔镜像。参数设置及零件底座孔镜像效果如图 3-26a 所示。

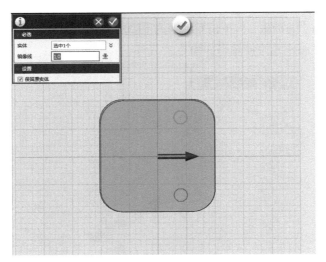

图 3-26a　零件底座孔镜像

②单击绘图界面左侧的【基本编辑】下的【镜像】命令 ▲，显示对话框，【实体】选择两个圆，【镜像线】选择如图 3-26b 所示，单击对话框的【确定】按钮▨，完成镜像。

单击绘图平面上方的【确定】按钮, 退出草图, 参数设置及零件底座孔效果如图 3-26b 所示。

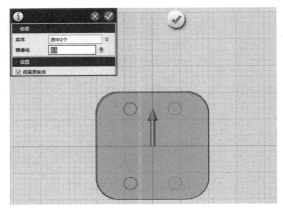

图 3-26b　零件底座孔

（7）拉伸零件底座孔。鼠标移动到绘图界面左侧的【特征造型】下的【拉伸】命令, 显示【拉伸】对话框,【轮廓 P】选择刚绘制的草图,【布尔运算】选择减运算,【拉伸类型】选择 1 边, 其他设置保持默认, 单击拉伸默认数值, 将其改为 10, 单击【Enter】键确认, 再单击对话框的【确定】按钮, 完成零件底座孔拉伸。参数设置及零件底座孔拉伸效果如图 3-27 所示。

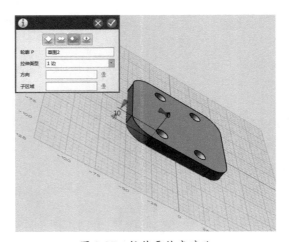

图 3-27　拉伸零件底座孔

（8）绘制支架。鼠标移动到绘图界面左侧的【草图绘制】下的【矩形】命令 □ ，用鼠标选择如图 3-28 所示点，确定草图平面。【点 1】处输入（30，0），【点 2】处输入（70，45）。单击对话框的【确定】按钮 ✓ ，完成支架的绘制。参数设置及支架效果如图 3-29 所示。

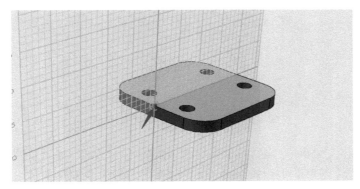

图 3-28　设置支架所在草图平面

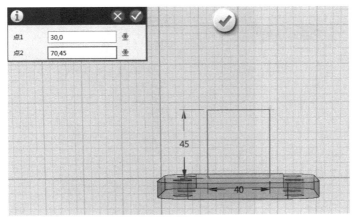

图 3-29　绘制支架

（9）绘制支架孔。鼠标移动到绘图界面左侧的【草图绘制】下的【圆形】命令 ⊙ ，显示【圆形】对话框，【圆心】输入（50，25），在原点外合适处单击选择另一点，勾选半径，并在【半径】处输入 8，再单击对话框的【确定】按钮 ✓ ，参数设置及绘制效果如图 3-30 所示。

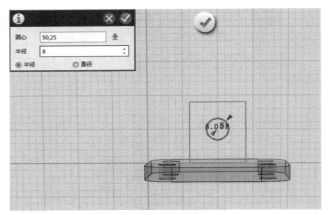

图 3-30   设置支架孔圆心和半径数值

（10）制作支架圆角。鼠标移动到绘图界面左侧的【草图编辑】下的【链状圆角】命令□，显示【圆角】对话框，在【曲线】选项下选择如图 3-31 所示三条直线，【半径】输入 18，单击对话框的【确定】按钮✓，完成支架圆角的绘制。单击绘图平面上方的【确定】按钮✓，退出草图，参数设置及支架圆角效果如图 3-31 所示。

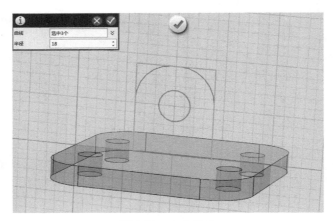

图 3-31   支架圆角

（11）制作支架厚度。鼠标移动到绘图界面左侧的【特征造型】下的【拉伸】命令，显示【拉伸】对话框，【轮廓 P】选择刚绘制的草图，【布尔运算】选择加运算，【拉伸类型】选择 2 边，其他设置保持默认，单击拉伸默认数值，将其分别改为15 和 25，单击【Enter】键确认，再单击对话框的【确定】按钮✓，完成拉伸。参数设置及绘制效果如图 3-32 所示。

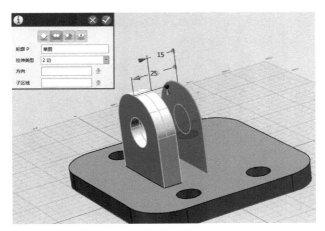

图 3-32　拉伸支架

（12）镜像支架。单击绘图界面左侧的【基本编辑】下的【镜像】命令 ▲，显示对话框，【布尔运算】选择加运算，【实体】选择刚绘制的造型，【方式】选择线。点 1 和点 2 可以选择如图 3-33 所示点，单击对话框的【确定】按钮 ✓，完成镜像命令。参数设置及支架镜像效果如图 3-34 所示。

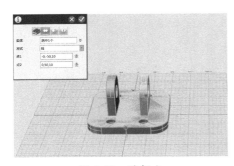

图 3-33　选择点

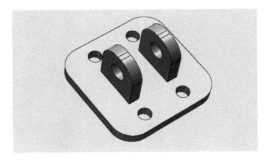

图 3-34　支架镜像

（13）制作支架圆角效果。 鼠标移动到绘图界面左侧的【特征造型】下的【圆角】命令 ◣，显示【圆角】对话框，单击圆角默认数值，将其改为 1，单击【Enter】键确认，再单击对话框的【确定】按钮 ✓，完成圆角操作。参数设置及圆角效果如图 3-35 所示。

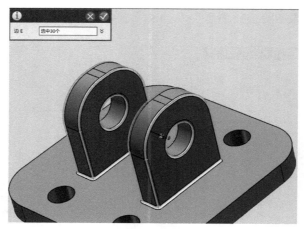

图 3-35　支架圆角效果

（14）零件材质设置。单击绘图界面左侧的【材质渲染】命令 ⬤，显示对话框，【实体】选择刚绘制的造型，在【颜色】一栏中选择自己设置的颜色，同样可以在自定义中通过改变色调、饱和度以及亮度来改变颜色，也可以在拾色板中选取颜色，也可以改变透明度来达到自己的设计效果。参数设置及零件材质效果如图 3-36 所示，再单击对话框的【确定】按钮✅。

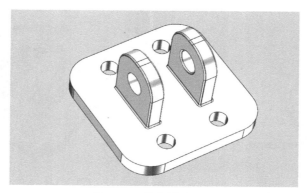

图 3-36　零件材质效果

3.2.3　制作水杯

NURBS 建模是工业产品建模的主要方式，同时，NURBS 建模也易于中小学生建立空间意识。水杯、花瓶、红酒杯等是常见的 NURBS 建模入门模型。

（1）启动软件。双击 3D One 软件图标 ，启动软件如图 3-37 所示。

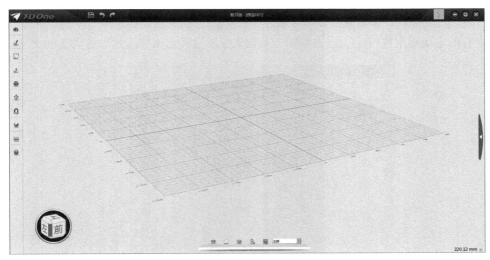

图 3-37　启动 3D One 软件

（2）绘制水杯底面。鼠标移动到绘图界面左侧的【草图绘制】下的【矩形】命令 □，单击坐标平面，确定其为草图平面。【点 1】处输入（−40，−40），【点 2】处输入（40，40）。单击对话框的【确定】按钮 ✔，完成矩形的绘制。参数设置及水杯底面效果如图 3-38 所示。

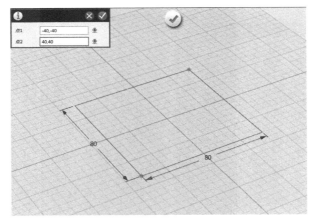

图 3-38　使用矩形命令绘制水杯底面

（3）水杯底面进行圆角处理。鼠标移动到绘图界面左侧的【草图编辑】下的【链状圆角】命令 ▢，显示【圆角】对话框，在【曲线】选项下选择如图 3-39 所示矩形，【半径】输入 20，单击对话框的【确定】按钮 ✓，完成圆角的绘制。单击绘图平面上方的【确定】按钮 ✓，退出草图，参数设置及水杯底面圆滑效果如图 3-39 所示。

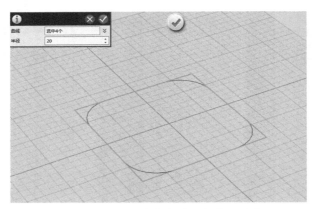

图 3-39　使用圆角命令使水杯底面圆滑

（4）使用拉伸命令制作水杯的高度。鼠标移动到绘图界面左侧的【特征造型】下的【拉伸】命令 ✎，显示【拉伸】对话框，【轮廓 P】选择刚绘制的草图，【布尔运算】选择基体，【拉伸类型】选择 1 边，其他设置保持默认，单击拉伸默认数值，将其改为 100，作为水杯的高。单击【Enter】键确认，再单击对话框的【确定】按钮 ✓，完成拉伸。参数设置及水杯高度效果如图 3-40 所示。

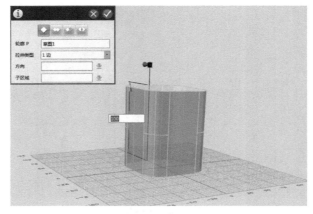

图 3-40　设置水杯高度的拉伸类型

（5）绘制水杯顶面。鼠标移动到绘图界面左侧的【草图绘制】下的【矩形】命令□，选择如图 3-23 所示点，确定草图平面。【点 1】处输入（−35，−35），【点 2】处输入（35，35）。单击对话框的【确定】按钮✅，完成矩形的绘制。单击绘图平面上方的【确定】按钮✅，退出草图，参数设置及水杯顶面效果如图 3-41 和图 3-42 所示。

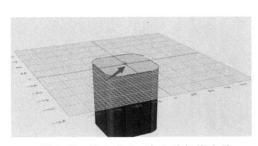

图 3-41　输入点 1、点 2 的数值绘制

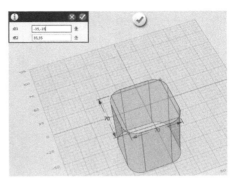

图 3-42　完成水杯顶面的绘制

（6）设置水杯口大小。鼠标移动到绘图界面左侧的【草图编辑】下的【链状圆角】命令□，显示【圆角】对话框，在【曲线】选项下选择如图 3-43 所示矩形，【半径】输入 20，单击对话框的【确定】按钮✅，完成圆角的绘制。单击绘图平面上方的【确定】按钮✅，退出草图，参数设置及水杯口效果如图 3-43 所示。

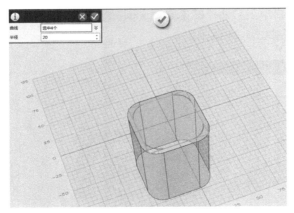

图 3-43　利用链状圆角命令制作水杯口

（7）利用拉伸命令制作水杯内壁。鼠标移动到绘图界面左侧的【特征造型】下的【拉伸】命令🔧，显示【拉伸】对话框，【轮廓 P】选择刚绘制的草图，【布尔运

算】选择减运算，【拉伸类型】选择 1 边，其他设置保持默认，单击拉伸默认数值，将其改为-95，单击【Enter】键确认，再单击对话框的【确定】按钮，完成拉伸。参数设置及水杯内壁效果如图 3-44 所示。

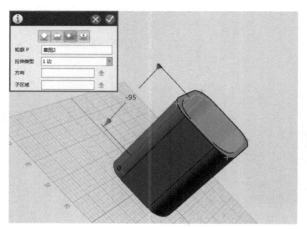

图 3-44　拉伸命令制作水杯内壁

（8）制作水杯口壁圆角。

① 鼠标移动到绘图界面左侧的【特征造型】下的【圆角】命令，显示【圆角】对话框，【边 E】选择如图 3-45 所示边，单击圆角默认数值，将其改为 2，单击【Enter】键确认，再单击对话框的【确定】按钮，完成水杯口内壁圆角操作。参数设置及绘制效果如图 3-45 所示。

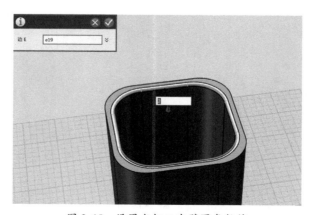

图 3-45　设置水杯口内壁圆角数值

② 鼠标移动到绘图界面左侧的【特征造型】下的【圆角】命令，显示【圆角】对话框，【边 E】选择如图 3-46 所示边，单击圆角默认数值，将其改为 1，单击【Enter】键确认，再单击对话框的【确定】按钮，完成圆角操作。参数设置及水杯口外壁圆角效果如图 3-46 所示。

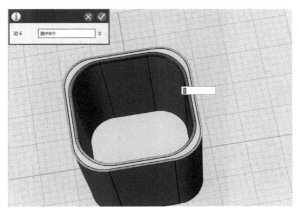

图 3-46 水杯口外壁圆角

③ 鼠标移动到绘图界面左侧的【特征造型】下的【圆角】命令，显示【圆角】对话框，【边 E】选择如图 3-47 所示边，单击圆角默认数值，将其改为 4，单击【Enter】键确认，再单击对话框的【确定】按钮，完成水杯口外壁圆角操作。参数设置及绘制效果如图 3-47 和图 3-48 所示。

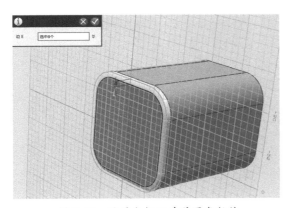

图 3-47 设置水杯口外壁圆角数值

图 3-48 水杯口圆角后的效果

（9）制作水杯把手轮廓。

① 鼠标移动到绘图界面左侧的【草图绘制】下的【圆弧】命令 ⌒，单击如图 3-49 所示点确定草图平面。设计水杯把手的起始点，输入【点 1】的数值（0，-70），【点 2】输入（30，-80），【半径】输入 30，单击对话框的【确定】按钮 ✅，参数设置及绘制效果如图 3-50 所示。

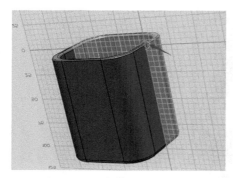

图 3-49　确定草图绘制平面

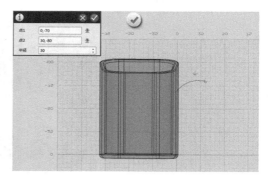

图 3-50　绘制水杯把手起始点

② 鼠标移动到绘图界面左侧的【草图绘制】下的【圆弧】命令 ⌒，【点 1】输入（30，-80），【点 2】输入（45，-40），【半径】输入 25，单击对话框的【确定】按钮 ✅，参数设置及绘制效果如图 3-51 所示。

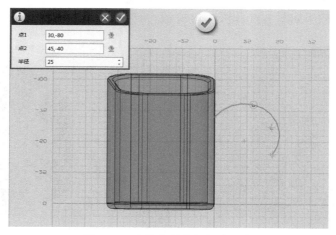

图 3-51　连续绘制水杯把手弧线

（10）完成水杯把手轮廓。鼠标移动到绘图界面左侧的【草图绘制】下的【直线】命令 ，【点 1】输入（45，–40），【点 2】输入（0，–12），【长度】输入 53，单击对话框的【确定】按钮 ，单击绘图平面上方的【确定】按钮 ，退出草图，参数设置及水杯把手轮廓线效果如图 3-52 所示。

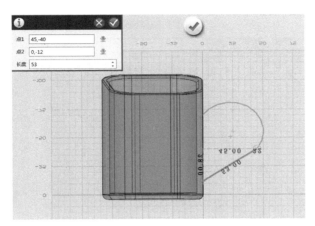

图 3-52　完成绘制水杯把手轮廓线

（11）偏移水杯把手轮廓线。鼠标移动到绘图界面左侧的【草图编辑】下的【偏移曲线】命令 ，显示【偏移曲线】对话框，在【曲线】选项下选择刚绘制的草图，【距离】输入–5，其他设置默认，单击对话框的【确定】按钮 ，完成水杯把手轮廓线的偏移绘制。参数设置及绘制效果如图 3-53 所示。

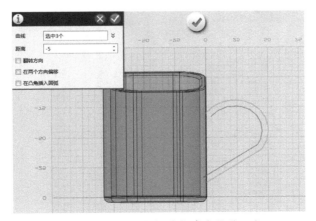

图 3-53　设置水杯把手轮廓线偏移距离

（12）闭合水杯把手轮廓线。

① 鼠标移动到绘图界面左侧的【草图绘制】下的【圆弧】命令 ⌒，单击如图 3-54 所示点确定草图平面，【点 1】选择初始水杯把手轮廓曲线上端点，【点 2】选择偏移水杯把手轮廓曲线上端点，【半径】输入 3，单击对话框的【确定】按钮 ✅，参数设置及绘制效果如图 3-54 所示。

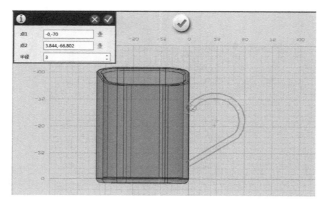

图 3-54　使用圆弧命令闭合水杯把手轮廓线的上端

② 鼠标移动到绘图界面左侧的【草图绘制】下的【圆弧】命令 ⌒，单击如图 3-55 所示点确定草图平面，【点 1】选择偏移水杯把手轮廓曲线下端点，【点 2】选择初始水杯把手轮廓曲线下端点，【半径】输入 4，单击对话框的【确定】按钮 ✅，单击绘图平面上方的【确定】按钮 ✅，退出草图，参数设置及绘制效果如图 3-55 所示。

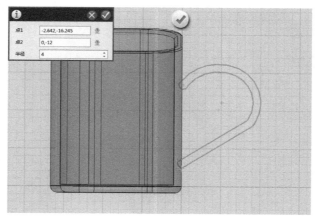

图 3-55　使用圆弧命令闭合水杯把手轮廓线的下端

（13）利用拉伸命令制作水杯把手厚度。鼠标移动到绘图界面左侧的【特征造型】下的【拉伸】命令 ，显示【拉伸】对话框，【轮廓 P】选择刚绘制的草图，【布尔运算】选择加运算，【拉伸类型】选择对称，其他设置保持默认，单击拉伸默认数值，将其改为 4，单击【Enter】键确认，再单击对话框的【确定】按钮 ，完成拉伸。参数设置及水杯把手厚度效果如图 3-56 所示。

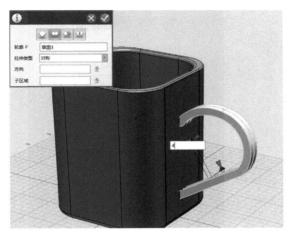

图 3-56　拉伸出水杯把手厚度

（14）设置水杯把手圆角。鼠标移动到绘图界面左侧的【特征造型】下的【圆角】命令 ，显示【圆角】对话框，【边 E】选择如图 3-57 所示边，单击圆角默认数值，将其改为 3，单击【Enter】键确认，再单击对话框的【确定】按钮 ，完成圆角操作。参数设置及绘制效果如图 3-57 所示。

图 3-57　水杯把手圆角效果

（15）预制文字。鼠标移动到绘图界面左侧的【草图绘制】下的【预制文字】命令 ▲，选择如图 3-58 所示平面为草图面，显示【预制文字】对话框，【原点】输入（−15，0），【文字】输入 coffee，【字体】选择幼圆，【样式】选择常规，【大小】输入 7，再单击对话框的【确定】按钮 ✅，参数设置及绘制效果如图 3-59 所示。

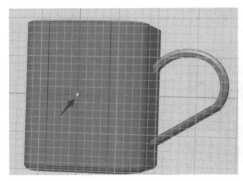

图 3-58　设置文字所在的平面　　　　　　图 3-59　创建文字

（16）制作立体文字。鼠标移动到绘图界面左侧的【特征造型】下的【拉伸】命令 ，显示【拉伸】对话框，【轮廓 P】选择刚绘制的草图，【布尔运算】选择加运算，【拉伸类型】选择 1 边，其他设置保持默认，单击拉伸默认数值，将其改为 1，单击【Enter】键确认，再单击对话框的【确定】按钮 ✅，完成拉伸。参数设置及立体文字效果如图 3-60 所示。

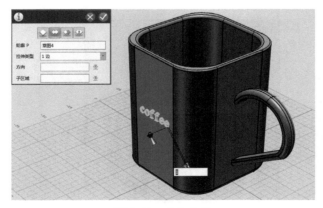

图 3-60　立体文字

（17）设置水杯材质并渲染。单击绘图界面左侧的【材质渲染】命令 ，显示对话框，【实体】选择刚绘制的造型，在【颜色】一栏中选择自己设置的颜色，同样可以在自定义中通过改变色调、饱和度以及亮度来改变颜色，也可以在拾色板中选取颜色，还可以改变透明度来达到自己的设计效果。参数设置及水杯质感效果如图 3-61 和图 3-62 所示，再单击对话框的【确定】按钮 。

图 3-61　设置材质

图 3-62　水杯质感效果

（18）保存。单击绘图界面上侧的【保存】命令 ，显示对话框，【文件名】输入水杯，再单击【保存】按钮完成保存。

第4章 激光切割技术

4.1 激光切割机

20世纪以来，激光是继原子能、半导体、计算机之后，人类的又一重大发明。迄今为止所接触的由不同波长的激光发生器衍生的产业、应用、产品多达上百种，如激光加工、激光焊接、激光3D打印、激光打印机、激光测距、激光唱片、激光武器、光纤通信、激光美容、激光矫正视力、激光雷达等。其中激光加工是改变和带动整个世界工业制造现代化的重要标志之一。

4.1.1 激光切割技术概述

激光切割是一种充分利用高能密度激光束热效应对材料进行快速切割的先进制造技术，目前已经发展成为融合计算机技术、数控技术、检测技术和材料加工技术等学科为一体的复合型高新技术。激光切割技术可实现结构复杂、高硬脆性等金属、非金属材料的快速切割，具有材料适应性强、非接触式加工、高效自动化高品质等技术优势，突破了许多传统制造方法无法实现的技术瓶颈，在工业制造、皮革加工、工业设计、医疗器械等领域得到广泛应用，如图4-1～图4-3所示。

图4-1　鞋服（皮革布艺）

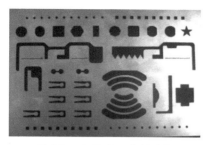

图 4-2　金属（工业制造）

图 4-3　亚克力（工业设计）

激光切割可分为激光气化切割、激光熔化切割、激光燃烧切割和激光划片与控制断裂四类[①]。它们均属于典型的热切割技术，其技术原理如图 4-4 所示。

（1）激光气化切割所需能量密度较高，常用于切割较薄的金属和非金属材料，如图 4-5 所示。

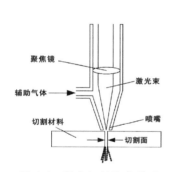

图 4-4　激光切割技术原理

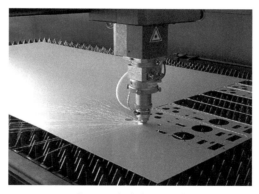

图 4-5　激光气化切割

（2）激光熔化切割所需能量仅为气化切割的 1/10 左右，常用于不易氧化的材料或不活泼金属的切割，如不锈钢、钛、铝及其合金等。

（3）激光燃烧切割利用激光热能将工件加热到燃点，利用辅助气体使材料燃烧，并排除燃烧产物，形成割缝，类似氧气切割过程。例如，激光氧化切割是充分利用激光热能和辅助气体的氧化反应热两个热源切割，速度虽快但切割质量差，主要用于碳钢等易氧化的金属材料。

① 郭华锋，李菊丽，孙涛. 激光切割技术的研究进展［J］. 徐州工程学院学报（自然科学版），2015，12：71-72.

（4）激光划片与控制断裂是利用激光产生沟槽，通过外力使其脆断或利用激光诱导热应力，并控制裂纹扩展，从而分离材料，均适用于脆性材料加工。

与传统制造工艺相比，激光切割采用热效应且无外力参与，具有热变形小、热影响区小、切缝小、切口粗糙度较小、基本无倾角等其他切割工艺不可比拟的技术优势，从而有效保证了切割质量。目前工业中常用的工程用材如碳钢、不锈钢、合金钢、铝及铝合金、镁及镁合金、钛及钛合金、铜及铜合金等金属材料及玻璃、高分子聚合物、陶瓷等非金属材料也可使用该技术。

4.1.2　激光切割机系统

激光切割机应能提供实现激光切割过程所要求的光束和工件间的相对运动，保证必需的精度，且具有好的静动态特性和热稳定性。和普通加工机床不同，激光切割机以光束为刀具，靠光学系统传输加工用能量，且具有很高的运动速度和加速度，因此激光切割机和其他切割机构成上有较大的区别。归纳起来，激光切割设备主要由激光器、导光系统、工件装夹及运动系统、控制系统、光学系统冷却及保护设备和其他安全设备组成。常见的激光切割机类型有小功率激光雕刻切割机、金属切割机、混合切割机、打标机、内雕机等。

1．激光切割机结构

激光切割机的组成部分通常包括主体机械单元、光学单元、电气与控制单元、冷却单元、吹气与排放单元、安全保护单元。以激光切割机 MINI-MK46 为例，如图 4-6 和图 4-7 所示。

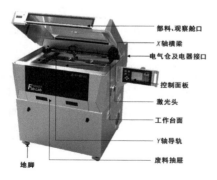

图 4-6　MINI-MK46 结构

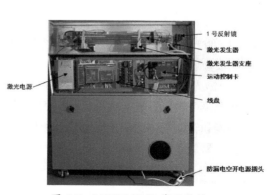

图 4-7　MINI-MK46 背面结构

（1）主体机械单元。机床床体部分是实现 X、Y、U 轴运动的主要机械部分，主要包括 X 轴/Y 轴/U 轴导轨、圆柱体旋转加工轴、升降电动气缸、齿带、传动带轮、步进电机、联轴器、传动轴、地脚等。另外，加工时所支撑工件的台面和用于承载加工时产生废料的废料抽屉也属于机床主机部分。

（2）光学单元。光学单元包括光源与光路两部分，其中光源是产生激光光源的核心装置，包括激光电源和激光发生器；光路部分主要用于将激光发生器发出的激光通过光学镜片折射并聚焦到工件上，它主要依靠专用的反射镜片与聚焦镜片来实现。

（3）电气与控制单元。控制机床实现 X 轴/Y 轴/U 轴的运动参数、激光器的输出参数、机器中空气压缩机和风机的启停等。控制单元主要由控制系统、电气控制盘、控制面板、无线蓝牙手柄、运动控制卡和计算机等来实现。

（4）冷却单元。冷却单元用于冷却激光发生器，主要包含全自动水冷却循环机、水温与断路保护装置、管路等。用软管将全自动水冷却循环机、温控断路保护装置、激光发生器冷却腔体串联起来，使冷却纯净水源源不断地在激光发生器的腔体循环，并带走激光发生器出光时产生的热量，通过冷却循环机再冷却，而达到激光器最佳的工作温度。

（5）吹气与排放单元。吹气与排放单元主要包括气泵、气管、风机、风管。吹气部分用于在加工过程中，将压力气体通过气体管路输送至激光头，从而吹灭切割材料所产生的明火，并防止上扬烟尘污染光学聚焦镜片；排放部分用于将设备加工时产生的烟尘通过风机、风管、过滤网排到室外。

（6）安全保护单元。安全保护单元用于保护设备和操作者人身安全。设备安全主要包括抗干扰接地部分、电气空开装置、断路水保护装置、吹气防明火装置等，后两项虽重复于以上部分，但都属于对设备有效保护的部分。人身安全主要包括高透视钢化玻璃机罩、可视激光器机罩、光路封闭装置、开盖自停装置、全自动肢体穿越光幕闭合装置等。安全部分是设备尽显人文关怀与企业责任的主要部分，也是直接关系用户切身利益的核心部分，设备的安全对教育市场用户是至高无上的。在镭神工程师为用户所作的培训中，安全使用设备也是重点培训环节。

2. 激光切割工作流程

激光切割工作流程包括图形设计、图形导入、参数设置、材料摆放、定位调焦、排烟吹气、启动加工，如图 4-8 所示。

图 4-8　激光切割工作流程图

1）图形设计

图形设计的软件如 AutoCAD、Photoshop 等软件，通常存储的格式为 DXF，如图 4-9 所示。

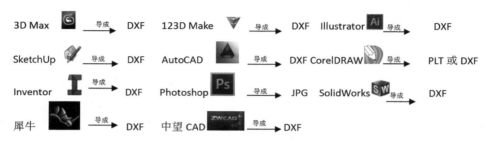

图 4-9　设计软件

2）图形导入

单击菜单【文件】中的【导入】，或单击【导入】图标，如图 4-10 所示。找到文件单击【打开】按钮即可。选中【预览】可以查看当前选择的文件，如图 4-11 所示。

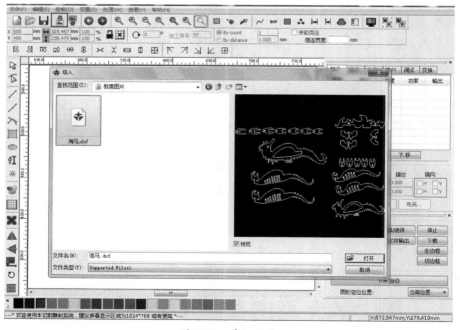

图 4-10　导入文件

3）参数设置

打开后根据线条不同的要求（如线条有的要切透，有的不需要切透）变换不同的图层，选中图形线条，单击图层工具栏的【色块选择颜色】即线条颜色，且为选中图形的图层颜色。设置各个图层所要的工艺，如图 4-12～图 4-15 所示。

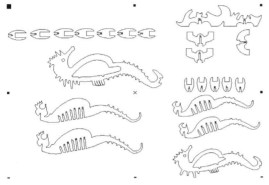

图 4-11　图形

图 4-12　设置图层工艺

图 4-13　设置图层参数

图 4-14　激光扫描参数

图 4-15　颜色条

双击图层即可出现调节机器工作速度与功率的界面。

（1）图层。图层是指所要设置的线条图层。

（2）是否输出。当为"是"的时候，此图层加工，反之不加工。

（3）速度。速度是指机床加工中的运动速度。一般切割过程中速度要适当地慢些，根据材料密度的不同，数值在 10～80。在扫描的过程中速度要快些，根据扫描深度的不同，数值在 200～350（在功率不变的情况下，速度越慢深度越深）。

（4）是否吹气。通常在加工过程中是必须要给气的。

（5）加工方式。加工方式有激光切割、激光扫描、激光打孔、旋转加工。特别注意在激光扫描时，扫描间隔应设置为固定值 0.045。

（6）最大功率。最大功率是指加工过程中激光发生器所能发出的最大功率。对于新机器，建议功率设定为 10%～60%，这样可有效合理地使用激光器；当机器使用一段时间后，因为激光发生器内气体的消耗，功率可以适当地增加。

（7）最小功率。最小功率是指加工过程中激光发生器所能发出的最小功率。最大值与最小值的差值保证在 10 以内，可减小对激光发生器的消耗。

功率与速度将决定加工过程中材料是否能切透，切割表面是否平滑。

4）材料摆放

根据材料加工方式的不同，加工可以分为平面切割和曲面切割。

（1）在平面加工中，只需要将材料平整地放置在工作台面上即可。在加工时，有时会因为加工材料不太平整而用外物将凸起镇压，这种方法是必须要做的，但是前提是要保证激光头在加工过程中不会与所用物品发生碰撞，如图 4-16 所示。

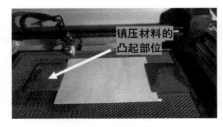

图 4-16　放置材料　　　　　　图 4-17　无线手柄调台面

（2）在曲面加工中，须将台面降低一定的高度，保证旋转辅助器上的工件表面距激光头为 3～5mm。可以通过面板上【菜单】→【Home】→【U＋】或【U−】（U 为 U 轴方向）来实现，也可以通过无线手柄上的【U＋】或【U−】来直接实现，如图 4-17 所示。

在旋转加工中，第一步要保证工件夹紧后不会晃动，并在旋转时能够保持同心；第二步需要将旋转辅助器（图4-18）电源接入机床上，接入位置如图4-19所示；第三步打开（拨动）旋转开关；第四步设置旋转加工参数，如图4-20所示。

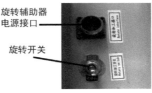

图 4-18　旋转辅助器　　图 4-19　接入旋转辅助器　　图 4-20　旋转加工参数

要确保图形尺寸在材料内，可以单击【走边框】来确认工件是否可以加工，如图4-21所示。如果加工区域有问题，可以在软件中修改它的尺寸，直至可以加工，如图4-22所示。

图 4-21　走边框

图 4-22　图形尺寸

5）定位调焦

按控制面板上的上/下/左/右键将激光头移动到合适的位置，按下控制面板上的【定位】键，或无线手柄上的【定位】按钮，如图4-23和图4-24所示，调节激光头位置到距工件3～5mm处。使用自动调焦模具调焦时（图4-25），要注意激光头与自动调焦模具必须接触，否则焦距会高于加工面，并且锁紧螺栓要紧固，防止机器在运动时激光头向下滑动影响加工效果。

图 4-23　控制面板　　图 4-24　无线手柄　　图 4-25　调焦

6）排烟吹气

加工前，控制面板上的【气泵】和【风机】按钮必须在打开的状态下，如图 4-26 所示，将机器上盖关闭，形成负压，排风管路移至室外。此时在软件中单击【开始】按键，如图 4-27 所示，机器就可以正常工作。

机床的加工其实是激光通过高温气化工件表面的过程，因此加工过程中会产生大量的气体，在不开气泵时，机器加工产生的废气会上升从而污染镜片，也能引燃工件；在不开风机时，废气体将留在机器内或扩散到室内，严重污染室内的空气质量。

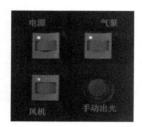

图 4-26　控制面板

图 4-27　数据加工

7）启动加工

机器在加工过程中，会由于设计图形、材料、工艺、速度等很多原因导致机床在加工时出现一些小的问题，这就需要操作人员在机器加工的过程中人为地去解决这些问题。例如，在切割时切割完的材料会由于台面的问题翘起，从而在激光头运动中与之发生碰撞；机器加工中出现导轨的异常声响；循环水在机床长时间加工中水温升高等；加工完成后取下完成好的工件和剩余的料，清理掉料仓内的废料，如图 4-28～图 4-30 所示。

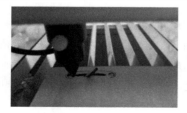

图 4-28　材料加工中翘起

图 4-29　加工过程

图 4-30　取出工件、清除废料

3．激光切割机使用安全

1）机器工作环境要求

（1）地面较平、通风良好，环境尘埃少；设备体积为 1030mm×900mm×1200mm，工作与维护尺寸每边不少于 1000mm。

（2）摆放位置要便于机器排放烟尘，排风管路较长时，机器的排放效果将会减弱，用户须加装排烟装置进行辅助排烟；设备所处环境无粉尘污染，粉尘将会加快光学镜片的污染。

（3）工作温度为 5～40℃，冬天屋内不可低于冰点，夏天温度过高作业时，须打开空调进行辅助降温；如果机床从一个冷热极端环境移至一个适宜的工作环境中，必须使机床和激光发生器在新的适宜的工作环境中搁置 2h 以上以适应环境温度，发现凝露或结冰均不可启动设备。

（4）工作空间相对湿度为 30%～85%，无凝露。当湿度较大时，产生凝露会在镜片上形成冷凝水，光束打在反光镜或聚焦镜面，会瞬间击碎光学镜片。

（5）工作电压。220V/10A 单相带接地插座，周边环境无强磁场干扰，当用户端电压不稳定时，须加装稳压装置，方可开机使用。

（6）激光雕刻切割机附近严禁放置易燃、易爆物品。应放在水平地面上，不能敲打、摇动、猛击机器，特别是导轨。导轨是保证机器加工精度最重要的因素之一，导轨变形或生锈、附着杂质污物都将严重降低机床的使用性能和加工精度，日常维护要做到常上油润滑防锈，保证运行顺畅、防止生锈，如图 4-31 和图 4-32 所示。

（7）工作台面严禁堆积与加工不相干的物品，避免撞刀，否则会造成工件的错位，严重者还将导致激光头的变形。当机床再次开机时，系统将会自动复位，X、Y 轴会回到机床限位原点，复位过程中机床会选择最近的路线复位，此路径如有异物阻碍，将发生刀头碰撞。严禁在设备台面上放置任何反射材料与物体，以防激光直接反射到人体或易燃物品上。

（8）材料储存时，须平放在地面或货架上，可有效防止材料变形，如图 4-33 所示。

　　图 4-31　导轨　　　　　图 4-32　导轨顶面　　　　图 4-33　材料储存

2）设备操作安全事项

（1）设备摆放。机器必须接地，如图 4-34 所示。激光雕刻切割机外壳接地必须安全可靠，良好的接地可以消除机器上产生的静电，并且降低干扰。通常插线板上都会带有接地插口，但有些时候这些接口是形同虚设的，为了安全起见，需要工程师或用户将机床与大地连接，防止不必要的隐患出现，如图 4-35 所示。

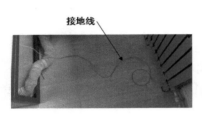

图 4-34　接地线

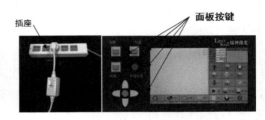

图 4-35　接地插口与面板按键

未取得厂家操作许可证或非厂家授权者，严禁擅自拆开机器任何部位，以免发生强电、激光伤害事故。

及时清除台面长期加工形成的碳化污物，可有效防止反光烧坏材料，并降低明火隐患，提高设备安全性与加工质量。台面长时间在一处加工会导致台面铝材塌陷或微变形，影响加工质量，建议用户使用 1～2 年时，可进行台面左右对调，从而平衡台面变形，严重变形者，请向厂家直接更换台面，以保证加工质量恒定。

（2）操作安全。

① 用电安全。禁止用湿手操作、触碰开关，以防止触电。机床开关主要包括 USB 数据线口、RJ45 接口、U 盘接口、电源线接口、面板按键。电压不稳，在超过（1±10%）×220V 电压波动时，切勿开机；长期在不稳定电压工作环境下，必须配备稳压器。

雷雨天气禁止使用设备，电源线脱电，避免雷击。在阴天及潮湿环境中，激光电源需预热时间长些，确定排湿后再启动加工，以防激光电源短路损毁部件。

② 规范操作。通电或机器运行时，禁止打开机器后盖板，以防止触电。当必须要打开激光发生器保护盖时，操作人员须是经过厂家培训认证人员，并在关机 5min 后方可打开进行操作，避免余电伤人。激光切割机在工作时，尤其在切割时，请注意周围电子设备的干扰，勿将设备放置于有强电、磁场圈内。

机床在开机状态下，凡是涉及机床 X 轴横梁或激光头移动的，只可以用控制面板或无线手柄上的方向键控制。严禁直接用手强行推拉 X 轴横梁，防止烧坏电机。

冷却循环水应在 ≤30℃水温工作。冷却水温度过高，会导致激光模式变差，切割能力降低。如果长时间处于冷却不良的情况，会缩短激光发生器使用寿命，最终造成激光器损坏。特别在夏天，长时间严重超负荷运行，超过冷却循环机冷却值时，设备将发出滴滴声，这时用户应及时更换冷却水或停机自然冷却一段时间再进行使用；冬季室温低于 0℃时，待机状态应清除激光发生器内的冷却水，避免冻裂激光器。注意全自动水冷却循环机内须灌入纯净水或蒸馏水，避免内部结垢堵塞冷却管路，造成激光发生器损坏。

严禁激光切割机长时间满功率运行。激光发生器的衰减是曲线衰减过程，对于

图 4-36　激光功率

新出厂时间不到 1 年的机器，建议切割功率设置在 40%～65%运行，冷却水温升高会导致激光发生器自动降低激光功率，衰减后期最大切割功率建议开到 70%～90%，激光发生器的使用寿命与操作习惯有直接关系，如图 4-36 所示。

激光发生器内产生的激光具有高温灼热性，在工作时请注意激光的光路（如图 4-37 所示白色箭头），在调光时应特别注意，避免被激光烧伤，切记工作时不能将身体任何部位置于激光头下方。机器关闭上盖过程中，须确保开合盖路径无遮挡物，防止在开合过程中夹伤身体或损坏他物。

加工材料须保证平整，出现变形时可用重物将其镇压，但要避免与激光头碰撞，如图 4-38 所示。

图 4-37　激光光路

镇压材料的凸起部位

图 4-38　镇压材料

加工时必须打开风机和气泵，如图 4-39 所示。打开风机和气泵可避免室内与镜片的污染，例如，MINI-MK46 操作面板自带风机与气泵开关，当用户待机时，可关闭风机气泵，以达到室内安静效果。加工开始前必须打开气泵与风机进行工作，以

免发生火灾或不必要的损失。将上盖关闭形成工作仓负压，如图 4-40 所示，可增强机床排放与吸附效果。

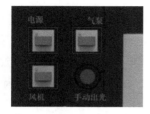

图 4-39　打开风机及气泵

图 4-40　关闭上盖

图 4-41　台面清洁

设备加工中，切勿接触与碰撞加工材料，避免因移动材料而导致加工错位，造成材料及工时的浪费。加工结束后及时清理废料仓内的废料，防止在后期加工过程中激光点燃废料而导致起火，如图 4-41 所示。

③ 加工材料。加工材料须保证平整，出现变形时可用重物将其镇压，但要避免与激光头碰撞。

严禁上机切割 PVC，激光加工为高温气化过程，对于经过高温产生酸性气体的材料（图 4-42～图 4-44），将禁止上机加工，否则将会腐蚀设备金属器件，从而缩短设备的使用寿命。

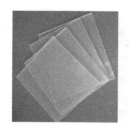

图 4-42　透明 PVC 板

图 4-43　PVC 木塑板

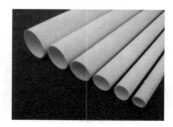

图 4-44　PVC 管

加工木质、纸质工件时，必须密切注意加工速度和激光功率，避免因速度过慢或功率过高而产生明火。加工中产生的火焰将损坏聚焦镜片，造成透光率降低，轻者影响加工质量，重者机器无法切割任何材料。新型材料的加工可与厂家联系确认加工可行性和加工方案。

4.2　激光切割的应用

激光切割技术广泛应用于机床、工程机械、电气开关制造、电梯制造、粮食机械、纺织机械、机车制造、农林机械、食品机械、特种汽车、航空航天、石油机械制造、环保设备、家用电器制造、大电机硅钢片等各种机械制造加工行业。此外，激光切割也应用于灯饰设计、广告设计、艺术品加工、服装设计、玩具行业等领域，如图 4-45～图 4-47所示。

图 4-45　激光切割应用于工业生产

图 4-46　激光切割的灯饰

图 4-47　激光切割的赵州桥模型

4.3　激光切割技术实践——制作礼盒[①]

1．设计准备

1）设备

（1）计算机：Windows7_64 位操作系统，i5 双核（或以上）CPU，2G 内存（或以上），128GB 以上硬盘。

（2）激光内雕机：激光波长 532nm，最大分辨率 1440DPI，雕刻范围 120mm×

---

① 高国刚，克拉玛依青少年科技活动中心科技教师。

120mm×80mm，雕刻速度 2500 点/s；雕刻精度 0.01mm。

2）工具（图 4-48）

游标卡尺：测量精度要求较高的尺寸时使用。

砂纸：用来打磨灼烧痕迹。

剪刀：裁剪包装绸布。

美工刀、中性笔：做切割或裁剪标记时使用。

直尺：测量尺寸。

精密小电钻及配件：用来切割或打孔。

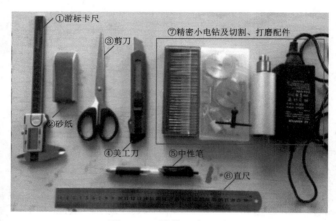

图 4-48　制作必备工具

3）耗材（图 4-49）

白乳胶：用于粘贴礼物盒子。

椴木板：制作礼物盒子的必备耗材，规格为 600mm×300mm×3mm。

绸布：用在盒子里包装水晶，颜色可根据需要自行选定。

水晶毛坯：激光内雕机在水晶内部雕刻，规格为 30mm×45mm×80mm，角磨边。

502 强力胶：制作盒子锁扣时使用。

泡沫板：用于固衬水晶，规格为 250mm×150mm×25mm。

绸缎丝带：制作盒子锁扣时使用，颜色可根据个人喜好自行搭配。

圆木棍：制作盒子锁扣时使用，直径 6mm，长度大于 50mm。

除上述耗材以外，还需准备一张有纪念意义的照片，把这张照片雕刻在水晶内。照片尺寸无特殊要求，但是像素和分辨率要适中，尽可能地将照片大小控制在 1.5MB 以内，这样可以为制作水晶内雕模型提供便利。

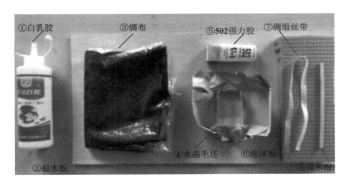

图 4-49　制作所需耗材

4）设计软件

在制作开始之前，还要在计算机上安装以下软件，它们都是完成本次制作的必备软件，包括 SolidWorks 三维工程制图软件、AutoCAD 工程制图软件、Snagit 图像编辑器、3D Crystal 水晶模型设计软件、Inova 水晶内雕模型制作软件、Carver Pro 激光内雕机控制软件。

2．水晶内雕模型制作

1）图像调整

图像调整主要包括两部分内容：大小调整和灰度调整。大小调整不仅要把图像的大小调整合适，而且要把图像前景和背景的比例调整合适，整体看上去要协调，有时候为了突出前景，甚至可以对背景进行裁剪；而灰度调整则是要把原有的彩色图像调整成灰度图像，这里暂且可以把灰度图像理解成人们所熟知的黑白图像，灰度图像的准确定义本书不做深入研究，毕竟它不是研究的重点。图像调整过程中所使用的软件是 Snagit 图像编辑器，调整前后结果分别如图 4-50 和图 4-51 所示。

图 4-50　图像调整前

图 4-51　图像调整后

2）模型制作

在水晶内雕图像建模过程中，将要使用 3D Crystal 水晶模型设计软件、Inova 水晶内雕模型制作软件和 Carver Pro 激光内雕机控制软件，其中 3D Crystal 软件主要用于水晶建模；而 Inova 软件中会包含一些模型处理算法，用于调整和完善已经建立好的水晶模型，并且在调整完成后更新模型数据，生成新的模型；Carver Pro 属于激光内雕机控制软件，利用它可以设置雕刻分辨率以及雕刻速度，最终将水晶模型加工生成成品。

（1）模型参数设置。利用 3D Crystal 软件建立雕刻模型，并设置模型参数（图 4-52）。在本次制作中，建立的内雕模型是层状结构，层数为 3 层，层间距为 0.3mm。图像亮度设定为 66%，对比度设定为 10%。

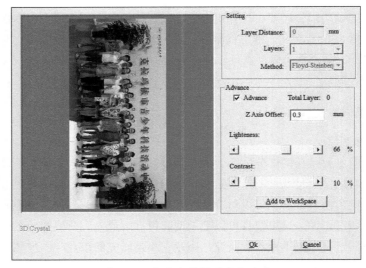

图 4-52　水晶内雕模型参数设置

完成每一层模型参数设置后，利用 3D Crystal 软件合并所有图层，最终生成.dxf 的模型文件并保存。

（2）模型调整。利用游标卡尺精确测量水晶尺寸，如图 4-53 所示，测得水晶毛坯厚度、宽度和长度分别为 30.25mm、43.88mm 和 78.73mm。打开 Inova 水晶内雕模型制作软件，根据测量结果设置水晶尺寸（图 4-54），设置完成后会生成一个灰色的矩形框，它就是象征水晶外形尺寸的边界框，导入之前创建好的.dxf 模型（方法如图 4-55 所示），此时会发现模型与水晶尺寸不符，利用【缩放】工具通过鼠标拖拽的方式调节模型尺寸，将其放置在尺寸边界框内，并通过【数据更新】工具更新调整结果（方法如图 4-56 所示），调整完成后将模型导出。

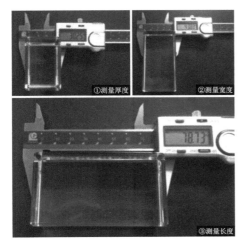

图 4-53　水晶尺寸测量图

图 4-54　在 Inova 中设置水晶尺寸

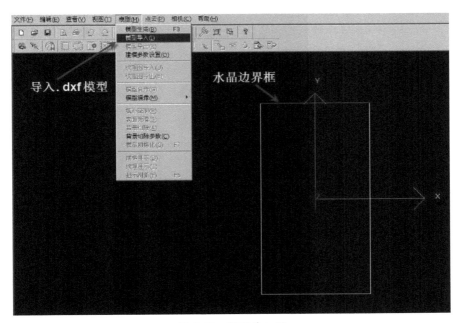

图 4-55　模型导入图

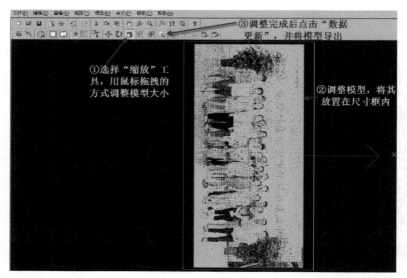

图 4-56　模型尺寸调整与更新

（3）水晶内雕。通过上述操作，完成水晶内雕模型设计。开启水晶内雕机，预热 10～15min，把水晶毛坯平整地放置在工作台的中心位置（图 4-57），完成激光对焦。在 Carver Pro 激光内雕机控制软件中打开调整好的水晶内雕模型，设置好相应雕刻参数（图 4-58）完成雕刻。在该操作中需要注意以下两点。

① 内雕机工作时，请佩戴防护镜，勿用裸眼观察激光雕刻过程，以免损伤眼睛。

② 雕刻作业完成后，若发现水晶内部出现裂痕，请减少模型层数，并适当降低模型对比度，重新建模并更换水晶毛坯，再次雕刻。

图 4-57　放置水晶

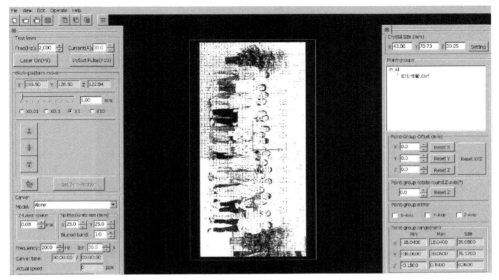

图 4-58　雕刻参数设置

3．礼物盒子制作

一次性快速成型是激光加工的一大特点。当然，前期精准的计算机设计与仿真是造就这一特点的关键。制作礼物盒子的材料是厚度为 3mm 的椴木板，为保证设计准确无误差，SolidWorks 三维设计软件是最好的选择。相对于其他设计软件，SolidWorks 操作简单易学，界面简洁友好，即便是初学者也能轻松入门。另外，SolidWorks 在尺寸设计上的表现则更为严谨，当完成整体设计后，各部分结构尺寸正确与否通过装配便可一目了然，只要装配与仿真环节准确无误，加工结果基本不会出错。更先进的是，在 SolidWorks 中设计完成的三维零部件能够直接转换成 AutoCAD 可编辑的二维工程图。如此一来，只要在 SolidWorks 中完成了准确的设计和装配，转换成二维工程图后用 AutoCAD 进行简单的修改和编辑，便可直接进行激光加工。这种方法不但避免了因设计不准确造成的耗材浪费，而且缩短了设计周期，可谓一举两得。

1）礼物盒设计

礼物盒子由 5 部分组成：底面、前面、2 个侧面、1 个连体式的背面和顶面，盒子的容积可根据泡沫板的体积确定，除顶面以外，盒子其余各部分的装配结果如图 4-59 所示。

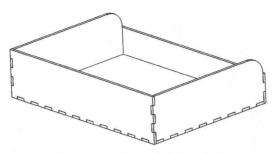

图 4-59　盒子部分零件装配结果

　　装配结果表明，盒子在卡槽尺寸设计上准确无误，其余各尺寸均合理可行。另外，经探索尝试，盒子顶面与背面采用一种柔性连接设计效果最好。为了让盒子更加美观，可以考虑在盒子各表面设计切割小方孔，这样的结构也为后期设计锁扣提供了便利。盒子的二维工程图如图 4-60 所示。从图中可看出，柔性连接长度为 30mm，利用该长度可计算出两侧板圆弧半径为 19.11mm。

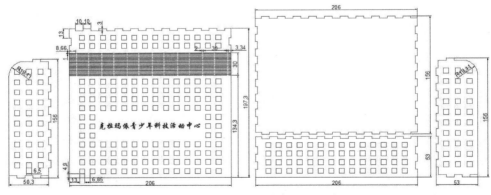

图 4-60　盒子工程图（单位：mm）

　　2）盒子制作

　　盒子设计好后，用镭神激光切割机加工各零部件。在加工过程中，应尽可能地保证木板平整。加工成型后，在卡槽内涂抹白乳胶黏合，并固定 3～4h，待白乳胶凝固，各零部件黏合结实后方可将盒子取下，用砂纸将灼烧痕迹打磨干净。在等待白乳胶凝固期间，可以先在泡沫板上抠槽，抠槽的目的是让水晶能够嵌放在槽内。槽的长宽尺寸和水晶大致相同，但深度要适中，太深容易造成水晶取放困难，太浅则可能导致水晶与盒子顶面接触。另外，还需要裁剪一块 45cm×40cm 的矩形绸布，用其包裹泡沫板，衬垫水晶一起放在盒子内，整个过程见图 4-61。

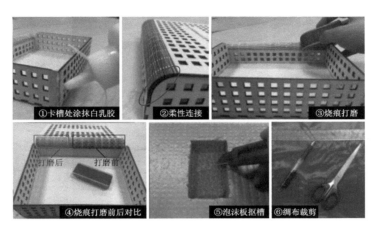

图 4-61　盒子制作过程

3）锁扣制作

锁扣的制作过程如图 4-62 所示，锁扣由 4 部分组成：2 根短圆棍、1 根长圆棍、丝带。短圆棍的长度与丝带宽度相等，长圆棍的长度与丝带的 2 倍宽度相等。用强力胶黏合丝带和圆棍时，需要把丝带在圆棍上黏合缠绕 2 圈左右。锁扣的使用方法与鞋带类似，需要将有短圆棍的两头从方孔中穿过，然后打结即可。最终成型作品如图 4-62 所示。

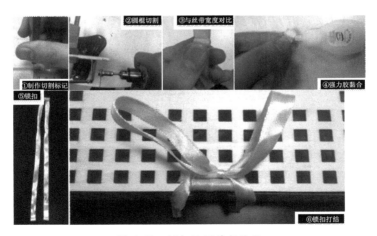

图 4-62　锁扣的制作与使用

第 5 章　课程设计

5.1　产品设计类课程

5.1.1　产品设计

产品设计是设计学科的一个重要分支，是以人们实际生产生活中的各种需求为目标，以科学的系统化的方法和技术进行研究与分析，并最终以某种新产品的形式来满足这些需求。产品设计的核心是以人为本，综合协调产品与社会环境、自然环境之间的关系。了解产品设计必须从以下四个方面着手。

（1）产品设计的复杂性。无论何种产品设计都是多因素问题。与某单一学科领域的科学研究不同，产品设计面向的是实际生活中的具体问题，与人、社会、自然等方面相关，同时与科技、经济、文化等因素紧密联系，一个好的设计或产品必须满足多方面的要求。例如，水杯作为日常普通用品，其设计需考虑什么人使用、是儿童还是老人、在什么环境下使用、是公用还是个人使用、用什么材料制作、玻璃还是塑料、价格如何、是否需要回收利用等问题，才能决定这个杯子的大小、形状、构造、颜色、材质、使用方式、市场定位等。

例如，由挪威设计师 Andreas Murray 和 Tore Vinje Brustad 设计的这款高椅（Stokke Steps）适合一到六岁的孩子。它能满足孩子成长过程中的需求，并且坐垫能从椅子上分开，允许家长和孩子进行互动。它由优质的木头和皮革精心雕琢而成，保证了其耐用性和美观性。

（2）产品设计的时代性。不同时代其技术、经济、文化价值的基础和判断标准不同，产品设计的评判标准也会随之变化。在一个时期流行时尚的产品，随着时间的推移会变得过时、显得陈旧。在现代产品设计发展史上，这种随时代更迭所产生的形式风格变迁非常明显，每个时代有其鲜明的时代特征。例如，工业革命初期的德国包豪斯设计风格、20 世纪中期的国际主义风格、20 世纪 80 年代后期的后现代主义风格等。随着信息社会的发展，设计风格呈现出更加多元化的趋势。

（3）产品设计的地域性。产品是为满足人们的日常生活实际需求而产生的，不同国家和地区人们的生存环境、生活方式、思想观念不同，在产品设计和形式风格等方面带有明显区域特色，如北欧家居用品设计、德国汽车设计、日本精细设计、美国实用主义设计、法国/意大利时尚设计等。

（4）产品设计的系统性。产品设计作为现代制造复杂系统工程的一个重要环节，深刻地融入其中并起到关键性的作用。设计是产品的开始也是结束，贯穿了产品的整个生命周期。从发现问题、概念设计、设计深化、生产制造、市场销售、用户反馈、发现新问题并进入新一轮设计，是一个不断循环上升的过程。一个复杂的产品开发需要不同领域的专业知识、不同技术团队相互配合才能完成。

产品设计过程虽然烦琐而复杂，但其基本流程通常包括以下三个阶段。

1．概念设计

所谓概念设计就是定义一个全新产品以新的内涵和意义的过程。每种产品名称都是一个概念，包含特定的意义和内涵，如椅子、书包、书架等。正因为其包含大家公认的意义，概念成为人们日常交流的媒介，没有概念就没办法交流。同时，概念又是一把双刃剑，概念所固有含义的合理性又成为创新的障碍，创新某种意义上就是打破原有概念，根据新的需要重新定义概念的过程。被填充物充满的"口袋"可以成为舒适的口袋椅（也称懒人椅），完全颠覆了人们头脑中传统椅子的概念：有支撑人体的平面，有支撑重量的腿，有某种固定造型和形态等。口袋椅非常柔软，没有固定形态，随着人体或坐或卧呈现不同形状。所以，口袋椅拓展了传统椅子概念的内涵，也可说它是一把"新概念"的椅子，如图 5-1 和图 5-2 所示。

概念设计是产品设计的第一步，其目标是根据一个新的需求提出新产品定义，如一种可以自动清扫的机器、一种可以调节透光性的玻璃、一种适合不同年龄使用的变形椅等。新的概念不会凭空产生，需要设计者对生活进行深入的理解，对人们的需求进行全面分析研究，适当把握处理与之相关的多种因素，才能准确定义产品概念。产品概念最初是以一段简短的文字加以描述，然后通过草图的形式加以形象化表达，称为概念草图。文字结合草图是概念设计的主要表达形式，草图设计要求以清楚表达设计理念、意图、比例、造型等信息为准，风格形式可不拘一格，如图 5-3 和图 5-4 所示。

图 5-1　口袋椅 1

图 5-2　口袋椅 2

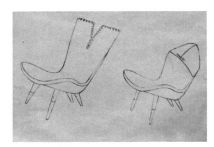

图 5-3　拉链椅概念草图[1]

图 5-4　拉链椅实物图

2．详细设计

在准确定义产品概念的基础上，设计产品方案。将产品概念转换为量化的具体的结构和造型，并在理论上满足工业化生产的要求，其表现形式通常是一系列设计图纸或数字化文档，产品设计图纸可作为产品外形尺寸的参考，如多功能折叠衣帽架二维设计图纸[2]（图 5-5），及其产品实物图（图 5-6）。

---

[1] 设计者：陈晞．厦门理工学院 13 级产品设计专业．指导教师：王刚、白然、占炜、张抱一、黄晶晶、方健．

[2] 设计者：陈珊．厦门理工学院工业专业．指导教师：张抱一．

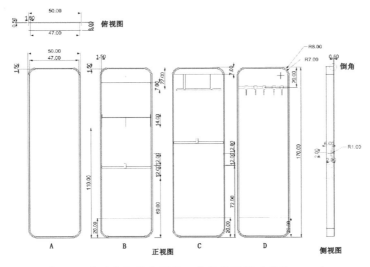

图 5-5　多功能折叠衣帽架二维设计图纸（单位：cm）

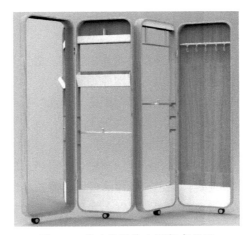

图 5-6　多功能折叠衣帽架实物图

3．制作验证

将设计方案通过一定的加工技术手段，制作成产品原型或可以工作的产品样机，如图 5-7 和图 5-8 所示。进行实际工作效果验证，检验其可行性，发现设计方案的不足并进行优化和不断完善，直到符合各方面要求。

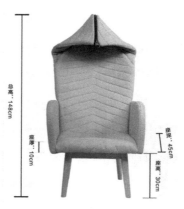

图 5-7　纸原型实验拉链椅的椅帽大小　　　图 5-8　产品原型尺寸图①

5.1.2　课程设计思路

　　产品设计课程是培养学生创新思维和动手能力非常好的工具与路径。通过观察生活，发现问题，运用知识技能创造产品来解决问题这一系列的创新过程达到能力训练的目的。创新设计类课程为学生营造了一个相对真实的生活情景，运用设计知识开展设计，并结合学科知识，最终设计制作出物品。根据建构主义和多元智能理论的原理，创新设计课程通常遵循以下基本原则和规律：问题导向、学科融合、趣味牵引、团队合作。下面以"课桌用笔筒"课题为例加以说明。

1. 问题导向

　　课题的设定应以学生所熟悉的真实生活环境、亲身经历的事物为对象。如此，学生可通过反观周边环境实物，反思自身生活经验，发现实际问题，并通过分析问题的实质，探究多角度不同方向的问题答案，实现创新能力的提升。"课桌用笔筒"课题选择的是在课堂环境下，围绕每个学生自己的课桌展开思考，设计一个笔筒。这个题目明确地规定了思考的范围，是谁、在哪儿、完成什么功能。为刚接触设计的学生设定题目，要有相对明确的限定条件同时具有一定的开放性，随着学习的深入和能力的提高，题目的开放性和运用的专业知识更加丰富。尽量避免在刚开始将课题设计得过于开放，以至于学生思考无据，无从下手。有的教师会说，这样的限

---

① 设计者：陈晞. 厦门理工学院 13 级产品设计专业. 指导教师：王刚、白然、占炜、张抱一、黄晶晶、方健.

定会局限学生的创造性思维，应该让学生天马行空、无拘无束地创想，这种观点是有问题的。任何设计都必须是在某些限定中进行的，而不是完全主观的想象，应该将限定条件理解为设计者进行思考的依据和检验设计结果的参照系统，否则无法评价一个设计的优劣。"课桌用笔筒"明确了产品使用主体是学生自己，使用环境是教室的课桌，主要完成的功能是笔筒。在这样的条件下仍然有无限的想象空间和各种可能，重要的是找到能很好满足使用者和使用环境所需要的设计形式。"课桌用笔筒"是真实世界的真实问题，学生需要更加仔细地观察、感受、测量、分析，在这个特殊环境下，笔筒应该是什么样子的。在这个阶段通常会有很多不同的想法提出来，如不同形式、不同结构和不同使用方式等。有些想做成各种动物的造型；有些想做成不同的结构，有一体式和分体式的；有些放置在桌面上；有些固定在课桌的侧面等。这些想法有不同的价值取向，并没有统一的评价标准。在对这些想法进行讨论时应正确引导评价，在此过程中应重点关注两点：①让学生建立正确的设计观，创造有独特价值的产品，如使用价值、美学价值、情感价值等，一个好的产品不仅要能用而且好用，最好是被人渴望拥有。创新不仅仅是创造出一个之前没有的东西，更重要的是不断挑战思维极限，创造出新颖且有价值的东西。②让学生体会基本设计思考和实现想法的过程。在这个阶段不需要掌握过多复杂的理论和方法，能够按照基本的设计步骤和逻辑，综合自身的经验和感受，完成设计制作过程即可，强调过程中的体验和收获。

2．学科融合

科学即分科之学，将原本完整复杂的世界分成不同的领域和方向进行片面、纵深的研究，探究世界深层运作的规律。但分科研究和学习也存在严重的弊端，就是在面对现实真实世界的问题时，往往是多因素错综复杂的，并不是单一学科知识简单叠加就能解决的，而是需要将这些知识有机融合在一起才能有效解决实际问题，各学科领域所学习到的知识进行融合才是真正有价值的。如何才能实现学科融合呢？"问题导向"是非常有效的办法之一。知识是抽象的，当其与生活中具体而真实的问题关联起来时，知识就变得具体而形象，运用知识内在的规律和逻辑来推动现实世界的改变，创造新的有价值事物，便是知识发挥其作用的体现。以"课桌用笔筒"课题为例，涉及数学、物理、材料、结构、人机工程、艺术等多种学科，同时在完成作品过程中还要经历概念定义、方案绘制、计算机软件建模、3D 实体制作、组装、功能测试等工程环节。产品制作出来，放在课桌这个使用环境中使用，也许会发现一些原本没有想到的新问题，如稳定性不好、不方便笔的拿取、占用桌面空间等，还需要优化修改才能达到理想的效果。在这个实现的过程中，知识、技术、工程经验与产品价值实现完整统一，展现为教育教学的终极目的——创造能力的实现。

3．兴趣牵引

这一点比较容易理解，孔子曾说"知之者不如好之者，好之者不如乐之者"；建构主义理论也告诉人们，真正的学习必然是通过主体内在的因素作用才能达成。在课题设计和课题推进过程中，通过主题内容和互动形式提升学生的兴趣非常重要。例如，教师与学生、学生与学生之间保持方案讨论和思想分享；在产品完成后向其他人分享和推荐，让课堂成果真正成为学习生活好帮手，将极大激发学生创造的欲望和成就感。

4．团队合作

当今随着信息化技术的发展，人们的行为活动社会化程度越来越高，与他人融洽地合作是当代人的必要素质和生存能力，也是创新活动的主要推动力。特别是产品设计创新是一个相对复杂的过程，团队的作用非常重要。所以，在产品设计课题开展过程中可以安排以小组的形式进行。让学生体验倾听别人的想法和不同观点，整理自己的想法并恰当地表达，从别人的想法中获得启发，客观地评价自己的方案，感受团队合作的价值、意义。

好的课程设计可以帮助教师很好地贯彻教学理念和教学计划，完成教学目标和任务，以上问题导向、学科融合、兴趣牵引、团队合作作为课题设计的基本原则参考，四者有机融合，具体操作形式多样，需要教师深入理解并在实践中灵活应用。

有了好的课程设计还需要发挥教师在教学过程的能动性，将课程预设的内容很好地贯彻。从教学的角度建议把握以下原则和方法。

（1）课程课题安排的进阶性与学生能力匹配性。课题的设计与学生能力相匹配，需要具有完成课题所需要知识的基础，不需要花费更多时间学习新知识即可完成。课题需要具有一定的开放性，通常没有标准答案。学生自己通过分析问题，提出设计目标，并以此来检验设计结果。

（2）重视发散性的设计思维训练。发散性思维是创新性活动的主要特征之一。发散性思维与线性思维和惯性思维相对，如前所述，其实质是创造新概念和新事物的过程。发散思维是基于一定已有信息和素材，探索解决问题的不同途径和方式，并对这些不同方式进行比较评价，选择最优加以实施。未经过专业训练的人通常会按照线性思维方式，根据自己的习惯性思维提出并不完善的解决方案，在此情况下很难找到具有创新性的答案。

在课题方案发散过程中应要求一定的数量，并且方案具有一定的差异性。也就是从解决问题的不同角度和不同价值取向上进行发散，提出不同性质的解决答案。例如"课桌用笔筒"课题，可以从利用有限桌面空间的角度思考，可以从分类收纳的角度思考，也可以从个性化课桌的角度进行思考。

（3）强调创造"真实之物"。创新设计课题应强调创造属于真实世界的"真实之物"，也就是说，设计创造出来的物确实能够在生活中发挥作用，是一件可以很好使用的产品。其实质是用什么标准来测量创新和造物的问题。在实际操作过程中经常会遇到这样的情况，学生的想法大多天马行空，非常发散，但绝大多数都是脱离现实不能实现的想法。教师在做指导时既不能盲目地鼓励，也不能一味地纠错，应把握好度。将学生的思维引导到和现实生活相吻合的方向与道路上来，逐渐建立正确的思维方式和经验积累。有的教师可能会担心这样的引导会不会限制了学生的创新思维空间，使他们丧失了自由想象的能力。对创新行为的概念应有一个更为深入的理解，而不能停留在表面，否则就会在实际操作过程中茫然失措。

创新可以指人类在所有领域创造的一切新的事物，但并不是所有创新都是合理的，只有很少部分的创新是正确合理的、能被接受和实现的。在与学生沟通过程中不能为了单纯鼓励学生而降低对创新性质的认识，让学生理解创新的不易正是进行创新的价值，也是非常重要的学习内容。及时捕捉学生思维中的闪光点并加以引导、启发和鼓励，使其向适当的方向发展是教师最重要的职责。另外，创新在不同的领域表现形式不同，评判的标准也不同，在艺术创作领域更强调自我主观意识和想象世界的表达，创新的标准更加感性和模糊；在科技领域则与艺术世界完全不同，它要求精确和定量、逻辑和推理，必须经过反复的实验验证才能确认；设计创新是介于艺术和科技之间的一个特殊领域，兼具两者的特性，既有科学理性的一面，又有艺术感性的一面，它是物质世界和感性世界交互融合的地带。所以，在指导的过程中，教师应分清哪部分属于科学理性的，哪部分属于人性情感的。对于产品的功能、结构、尺寸等物理属性必须符合科学的逻辑和规律，对于外在形式、造型等方面适当增加个性化色彩。

以"课桌用笔筒"为例具体介绍一个 3D 产品设计课题的一般过程。

"课桌用笔筒"课题是以学生用课桌为使用场景，设计制作一个笔筒，如图 5-9 和图 5-10 所示。课题适合 5 年级以上的学生。

 图 5-9 项目情景   图 5-10 课桌

（1）概念设计（方案草图）。在对课桌现有使用情况的调查分析过程中发现了最为突出的问题是桌面狭小、可用空间不足以及文具容易掉落的问题。据此，将设计的主要目标设定在节省空间和笔筒收纳功能优化上，并发散设计多个不同的方案形式，如图 5-11 所示。

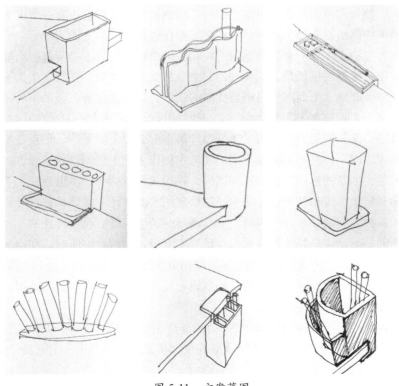

图 5-11 方案草图

（2）详细设计（三维设计）。最终选择了固定在课桌边缘的方案，收纳方式为立式，如图 5-12 所示。

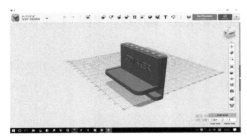

图 5-12　三维设计

（3）制作验证（打印测试），如图 5-13 所示。

图 5-13　制作验证

5.1.3　课程案例

案例 1　创意数字钟表设计与制作[①]

"创意数字钟表设计与制作"课程活动目标：经历产品的设计与制作过程；激发创造的兴趣；学习激光切割机的使用方法。

设计定位："设计课题——创意数字钟表"，使用环境为"放在书桌上"。

设计要求如下。

（1）使用功能，能以数字形式显示时间；方便调节时间；方便维护及更换电池。

（2）技术指标，再次更换电池时，无须再调整时间；大小适中，能单手握住。

（3）其他，形态美观，结构合理。

---

① 曹多莲，北京大学附属中学通用技术学科教师。

85

教学过程：①制定设计方案；②细化设计方案；③制作模型。

1．制定设计方案

（1）上网收集数字钟表相关信息资料，如电路组成、相关创意设计，寻找灵感，如图 5-14 所示。

（2）方案构思。例如，小明及其组员运用形态仿生设计方法，以"鹿"作为设计出发点，进行了多个方案构思，如表 5-1 所示。

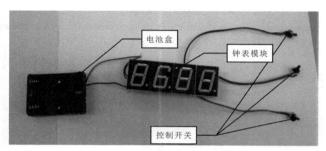

图 5-14　电路组成

表 5-1　方案构思

方案	方案一	方案二	方案三
设计图			
评价	造型美观、可爱；鹿角部分突出，容易折断。可将鹿角设计为活动连接，避免触碰折断，同时增加趣味性	运用鹿角作为装饰图案，图形美观；形态简约；但是激光切割工艺不是最合适的加工方法，3D 打印较为合适	仿"鹿"的形态，与方案一相比，略显粗笨

结合前面的设计定位，综合考虑设计原则、时间和材料成本、条件限制等方面因素，比较权衡各种设计方案，最后选择方案一作为最终方案。

2．细化设计方案

结合硬件，考虑人机工学，进行设计细化（图 5-15）。利用平面矢量软件，绘出各个构件的平面图，如图 5-16 所示。

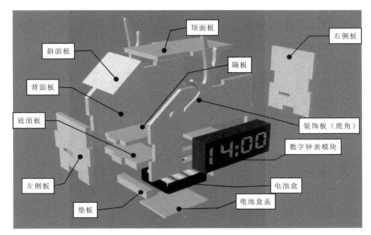

图 5-15 细化方案

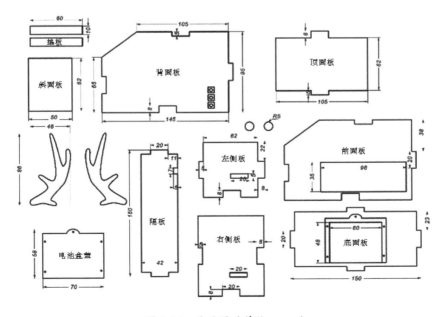

图 5-16 平面图（单位：mm）

3．制作模型

1）选择材料与工具

工具：激光切割机 1 台，螺丝刀 1 把，剪刀 1 把，2D 绘图软件（如 CorelDraw、Illustrator、AutoCAD 等），木锉刀或砂带机。

材料：胶合板、数字钟表模块、木皮等。具体清单如表 5-2 所示。

表 5-2　材料清单

编号	名称	尺寸（单位：mm）	数量	备注（单位：mm）
1	斜面板	50×62	1	胶合板，厚 3
2	背面板	145×95	1	胶合板，厚 8
3	前面板	145×95	1	胶合板，厚 5
4	顶面板	105×75	1	胶合板，厚 5
5	底面板	150×75	1	胶合板，厚 8
6	左侧板	75×75	1	胶合板，厚 5
7	右侧板	95×75	1	胶合板，厚 5
8	装饰板（鹿角）	86×46	2	胶合板，厚 5
9	装饰板（眼）	10×10	2	胶合板，厚 5
10	隔板	150×42	1	胶合板，厚 5
11	垫板	60×10	2	胶合板，厚 8
12	电池盒盖	70×58	1	胶合板，厚 3
13	数字钟表模块	98×35	1	
14	电池盒（3 节）		1	
15	开关		3	复位开关
16	导线	100	4	
17	热熔胶			
18	白乳胶	适量	1	
19	天然木皮	大约 90×600	1	

2）加工制作

（1）将绘制好的图形文件导入激光切割软件，设置切割参数，如图 5-17～图 5-19 所示。

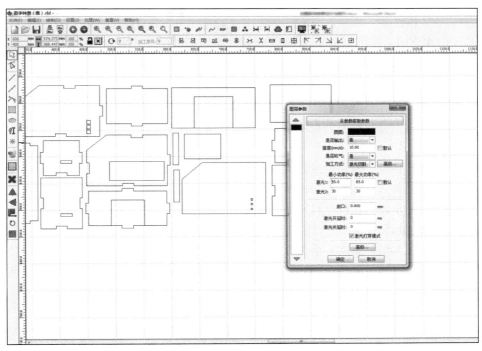

图 5-17 图形文件

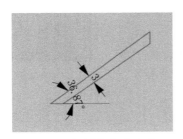

图 5-18 切割角度平面图

图 5-19 切割角度

（2）运行激光切割机，切割胶合板。切割时尽量让图形长边方向与木纹方向保持一致。

（3）用木锉刀或砂带机打磨斜面板。

安全注意事项如下。

① 激光切割机在切割木板时，会产生浓烟，需打开风机并做好通风处理。

② 木锉刀不能用来锉金属材料，不能作为橇棒或敲击工件；放置木锉刀时，不要使其露出工作台面，以防锉刀跌落伤脚，也不能把锉刀与锉刀叠放或锉刀与量具叠放。

③ 在使用砂带机时，卸下首饰，穿戴合适的工作服或工作裙子；如有长发需向后盘起，以免缠在机器上；佩戴护目镜和口罩，以免粉尘进入眼睛和嘴里。

3）拼装

（1）将前后左右四块围板及隔板进行拼装。拼装前，在接合处涂上白乳胶。

（2）将电路显示屏安装在前面板上，开关安装在背板上，用热熔胶粘接固定，如图 5-20 所示。

（3）将顶面板、斜面板及底板结合处涂上白乳胶，与其他构件拼装在一起。将电池盒用螺丝钉固定在隔板居中下方，使之与底板预留的电池盒盖部分对齐。

（4）装上电池，用螺丝钉将电池盒盖固定在底面板上，如图 5-21 所示。

4）表面处理

用目数较高的砂纸将表面进行打磨，然后在表面涂上白乳胶，贴上一层木皮，为了保证表面平整，可适当用电熨斗熨平。用颜料把装饰板（鹿角和眼）涂上颜色，再用白乳胶粘在鹿身上，在底面板上粘上垫板作为鹿脚，如图 5-22 所示。

图 5-20 热熔胶枪

图 5-21 安装电路

图 5-22 最终成果

案例 2 瓦楞纸儿童家具项目[①]

1．项目目标

（1）了解技术设计的基本知识和方法，初步掌握技术设计的一般过程。

_____

[①] 马丽娜，北京汇文中学通用技术学科教师。

（2）了解瓦楞纸家具设计中影响结构稳固的因素。

（3）会使用三维设计软件制作零件和组装成品，体验成就感。

（4）体验薄材堆积工艺，感受工艺之美。

（5）学会激光切割机的简单操作，领略高新技术的魅力。

2．设备工具及材料

硬件：计算机、激光切割机。

软件：三维建模软件、激光切割控制软件。

其他工具：壁纸刀、木工夹。

材料：厚 10mm 的瓦楞纸板、乳胶。

3．项目分析

（1）学情分析。本项目适合高中生和参加过科技活动的初中生学习。在学习本项目时，学生如果有一些美术基础，会便于他们用草图表达自己的设计方案；学生如果有一些信息技术基础，尤其是制图软件使用基础，会便于他们进行 CAD 制图。项目实施前可以根据学习者情况做相关知识和技术的铺垫。

（2）创意来源。现代人生活节奏快，工作变动很常见，不少年轻人和中年人总在搬家，家具搬来搬去很不方便，扔了又可惜。中国家庭多数只有一个孩子，孩子的家具一两年就需要重置，很浪费也很麻烦。瓦楞纸家具就能解决这样的问题，而且它成本低、易回收，是很环保的家具材料。

（3）结构功能分析。这款儿童椅有两种摆放方式，方便儿童坐和躺，椅子的成型方式为薄材堆叠。薄材堆叠中薄材用的是 10mm 厚的瓦楞纸，将要完成的立体形分层，绘制出层的平面轮廓，层与层之间用乳胶黏合，堆叠出立体实物。儿童椅的椅面宽度与深度、腿部活动空间、后背接触面等结构都符合国家标准，以人体为依据，关注人的使用体验。

4．项目过程

（1）绘制草图构思设计方案。把自己的设计方案通过草图呈现并讨论交流，小组权衡后选出最终方案，如图 5-23～图 5-25 所示。

（2）设计家具尺寸。查询相关资料，通过网络和书籍了解家具尺寸的国家标准以设计儿童椅的尺寸，如图 5-26 和图 5-27 所示。

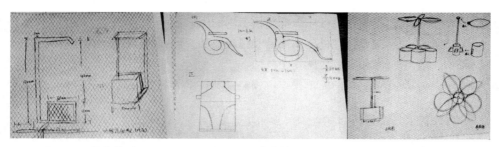

图 5-23 学生草图1　　　　图 5-24 学生草图2　　　　图 5-25 学生草图3

图 5-26 工标网　　　　　　　　　　图 5-27 家具标准汇编

（3）用制图软件绘制零件加工图。用 CAD 制图软件绘制组成层片的平面轮廓线，熟悉软件操作，如图 5-28 和图 5-29 所示。

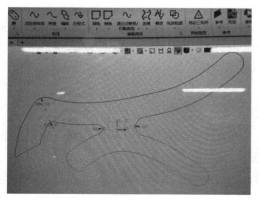

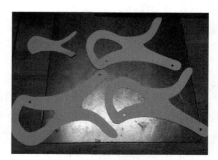

图 5-28 CAD 制图软件　　　　　图 5-29 零件加工

（4）制作模型。用激光切割机切割各组成层片，然后逐层黏合成模型，如图 5-30 和图 5-31 所示。

图 5-30　激光切割机切割各组成层片　　　　图 5-31　各组成层片

（5）多方案呈现。制作模型后，又可能有灵感，可以把自己的设计尽量都呈现出来进行比较权衡，如图 5-32 和图 5-33 所示。

图 5-32　模型　　　　　　　　　　　　图 5-33　小组讨论

（6）制作最终方案。按实际尺寸绘制加工图，利用激光切割机切割层片，层与层用乳胶黏合，黏合过程可以借助木工夹固定，如图 5-34 和图 5-35 所示。

图 5-34　制作最终方案　　　　　　　图 5-35　木工夹进行固定

（7）试用测试儿童椅。请儿童试用儿童椅，测试其稳定性、强度和功能，如图 5-36 和图 5-37 所示。

图 5-36 儿童试用儿童椅 1

图 5-37 儿童试用儿童椅 2

（8）拓展设计。将切割后废料黏合成凳子，线条优美，既存放简便又实用。如果把椅子侧面平放配上凳子墩，可以作为一个流线型桌子，实现一物多用，如图 5-38 和图 5-39 所示。

图 5-38 最终成片

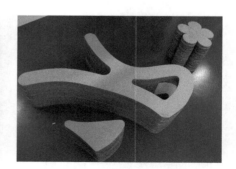

图 5-39 椅子一物多用

5．项目反思

CAD 和 CAM 这两项技术在当今工业设计中得到广泛应用，给设计过程的各个环节都带来了翻天覆地的变革。本项目可以用 CAD 软件进行构思和表达，可以用激光切割机完成原型和模型的制作，理解这些方式与传统手工方式各自的优点和不足。本项目作品可以制作成不同尺寸，适合不同年龄体貌的人来使用，可以满足个人定制家具的要求。

案例 3　文化创意产品设计的评价与优化[①]

文化创意产品设计的评价与优化在高中阶段可以引入 SWOT，具体包含三个环节，即 SWOT 分析法、作品评价、作品优化。

1．SWOT 分析法

SWOT 分析法是管理学中的一种分析方法，通过分析自身的优势（Strength）、劣势（Weakness）和环境所带来的机遇（Opportunities）以及威胁（Threats）四方面内容来制定下一步战略目标，现在广泛应用于项目分析和个人职业生涯规划中。引导学生学习 SWOT 分析法，进而能够利用 SWOT 分析法分析自己的项目作品，最终建立方法论的思维认知并能够将 SWOT 分析法活学活用到不同领域。对学生来说，分析自己作品的优势和劣势比较容易掌握，但将自己的作品投入市场做环境机遇与挑战的分析具有一定难度。

2．作品评价

作品评价环节，使学生能够熟练使用 SWOT 分析法展示对自己团队的作品的分析评价。表 5-3 为"鲸鱼音乐盒"作品的 SWOT 分析，同时，学生能结合其他同学、教师和专家给出的建议，制定作品的优化方案。

除了学生自评，还可以组织校内外教师点评，校内评价教师可由多学科教师组成，校外教师可聘请文创专家。

3．作品优化

作品优化这个环节，教师需引导学生进入实验室根据优化方案优化作品，针对不同作品存在的问题，引导学生思考最优解决方案，提出作品改进的具体实施举措，学生能够熟练使用工具设备、选取耗材进行加工，如图 5-40 和图 5-41 所示。

---

① 李晟宇，清华大学附属中学通用技术学科教师。

表 5-3　学生作品"鲸鱼音乐盒"SWOT 分析

优势 （Strength）	1. 此设计产品融合了中西方文化，使得此产品更容易同时受到中西方人民的青睐，打通国际市场，畅销海外 2. 借此机会推广中国传统工艺，使更多人了解中国传统工艺 3. 以海洋为主题风格，蓝色为主色调，上面有鲸鱼，海豚等海洋生物，呼吁人们保护海洋生物 4. 所用进口机芯，保障音乐盒质量	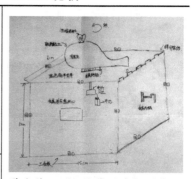 学生作品"鲸鱼音乐盒"创意设计图
劣势 （Weakness）	1. 目前主体部分为纯手工制作，无法大规模批量生产 2. 与如今市场上大多数音乐盒相比成本较高	
机遇 （Opportunities）	1. 借此产品让更多人了解中国传统榫卯工艺 2. 同时提出 DIY 材料产品，并将榫卯音乐盒的制作过程录成视频发到网上，令人们在提高动手能力、获得乐趣的同时推广榫卯工艺 3. 以海洋为主题的音乐盒可与提倡保护海洋及海生动植物相关	
威胁 （Threats）	1. 如今市场上有很多大批量工业生成且做工精致的其他音乐盒 2. 手工制作费时费力，导致价格偏高而影响销量 3. 当今智能产品盛行，会选择此音乐盒的群体可能较少	学生作品"鲸鱼音乐盒"成品

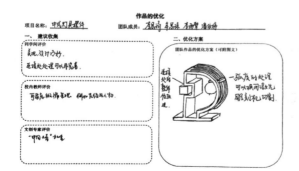

图 5-40　学生作品"中式灯具摆件"优化表

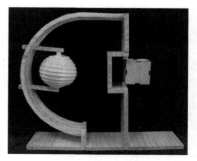

图 5-41　学生作品"中式灯具摆件"成品

学生经历实施优化的技术过程，结合教师引导寻求解决方案，初步形成综合利用技术手段解决作品优化过程中问题的方法。此环节的难点在于学生能够针对作品优化过程中所遇到的具体问题进行具体分析，给出解决方案并实施解决，如表 5-4 所示。

表 5-4　作品优化教学过程

教学过程（表格描述）

教学阶段	教师活动	学生活动	设置意图	技术应用	时间安排
简短引入	教师下发上节课学生所制定的优化方案，引导学生进行讨论	学生明确本节课主旨	明确本节课主旨	优化方案	1min
讨论实施	引导学生分组进行讨论，商议如何实施优化方案中的技术问题	学生讨论实施方案	学生经过讨论明确优化的技术手段和方案	无	5～10min/各组可灵活掌握
实践优化	第一阶段：教师根据各组设计目标和优化方案，观察学生的优化措施 第二阶段：学生主动向教师询问不同技术问题的解决方式 第三阶段：教师主动干预实施过程中发现问题的小组，给出实施建议。 可能出现的问题： 1. 关键部位连接方式的选取； 2. 钉钉子的技巧（钉子不是越长越好也不是钉得越多越好）； 3. 对于难以完成的小组，适当对设计目标做减法	第一阶段：学生自行优化 第二阶段：学生在优化过程中发现问题，与教师讨论解决 第三阶段：较长时间没有能够解决问题的组，教师将主动干预 学生根据各组项目的进度情况灵活安排组内人员分工，进行作品制作并制作完毕	将优化实践安排为不同阶段实施，前期给学生留白，鼓励学生独立思考；中期教师经过课堂观察，发现问题及时纠偏，把控课堂；后期教师根据各组进度加强干预频率和有效性，引导学生在有限的时间、空间内完成作品的优化	手动木工室、电动实验室、钳工实验室、激光雕刻机室	45～55min

续表

教学过程（表格描述）					
教学阶段	教师活动	学生活动	设置意图	技术应用	时间安排
归纳总结	组织学生回到手动木工室，点评学生的优化成果和过程中的问题，并做总结	回顾优化过程中的积极面——解决问题时的有效措施；归纳优化过程中的消极面——解决问题时遇到的问题；总结最终解决方案，提升优化的技术手段和统筹能力	经过各组遇到问题和相应解决方案的碰撞，提升学生统筹解决问题的能力	讨论	10～15min

5.2 学科类课程

5.2.1 学科应用

3D 打印作为一种工具，不仅提供了学习不同主题的方法，当中小学将 3D 打印与计算机、科学、数学、地理、化学、历史以及 STEM 结合，赋予学科课程新生命力的同时，更能锻炼学生解决各种问题的能力。

1. 数学学科

3D 打印和数学融合最常用的方法是帮助学生理解图形和数学模型。3D 打印转化了复杂的图形和数学模型，易于帮助学习者理解一些较为抽象的几何模型和数学概念[①]。3D 打印技术能够将复杂的几何物体（如双曲型蜂窝模型）打印出实体模型供学生全方位观察学习，与传统的 2D 平面展示材料相比，具有更为直观、具体的

---

① Bachman D. Visualizing mathematics with 3D printing［J］. Journal of Mathematics and the Arts，2016：1-3.

展示效果。

英国国王学院中学的教师彼得伯勒通过 3D 打印做了一套锥体和其他几何形状用于让学生理解面积和体积。美国的赛泽小学 7 年级数学课，引入 3D 打印教学，其中的"盒子"项目，既是一个为期 3 天的 3D 打印与数学结合的项目，学生先学习 3D 设计软件 TinkerCAD，然后设计并打印一个矩形棱柱，然后测量其体积[①]。类似的活动，如圆筒和其他形状的项目，被用到 8 年级的数学课上。英国 Honywood 社区学校设计了一种先进的 3D 开发学习工具，使学生能够在 POV-Ray3 中使用编程创建 3D 对象。这使学生在学习编程的同时，还学习了代数并理解了 3D 空间。

美国加利福尼亚的尔湾心理研究所（MRI）开发的 JiJi（ST）数学[②]（ST 代表"时空"）是一种游戏数学，让孩子在没有文字的情况下学习数学（以时空的方式）。尔湾心理研究所的教师马修·彼得森探索利用 3D 打印教学教授数学。例如，学生很难理解的抛物线方程 $Y = ax^2 + bx + c$ 中的线性项（bx）实际上是怎样改变抛物线的整体形状，利用 3D 教学模型就易于学生理解。

2．地理学科

在地理学科的教学中，借助 3D 打印技术可以制作 3D 地形图、火山模型等课堂展示材料，除了可以供学生直接接触和观察，教师还可以组织学生对模型进行上色，通过实践动手操作，巩固学生对特殊地质结构的知识掌握。学生打印出某些山脉、河流、峡谷等的缩小模型，增加了地理学习的趣味性[③]。通过 3D 打印的方式，也利于学生进行深层次的探究与分析。例如，一个 3D 打印地震模型利于学生更好地比较近期发生的地震和过去的地震。

3．化学学科

在化学学科中，3D 打印技术具有广泛的用途，3D 打印技术所具备的快速成型特点为化学教学提供视觉化的学习工具。例如，化学老师在课堂中引导学生使用 3D 建模软件创建六氟化硫（SF_6）的分子模型，学生根据分子模型的键长和键角等参数

① Department for Education. 3D printers in schools: uses in the curriculum enriching the teaching of STEM and design subjects．2013-10-7-12［OL］．https://dera.ioe.ac.uk/19468/13/3D_printers_in_schools_Redacted_.pdf.

② MIND - JiJi Math & ST Fluency ．Spatial Temporal Mathematics at School & Home［OL］．https://www.losal.org/domain/794.

③ 车云．3D 打印在地理教学中的应用［J］．中学地理教学参考，2015，（13）：50-51.

进行精确建模，并使用 3D 打印机打印出实体模型用于课堂学习和观察[①]。

4．物理学科

3D 打印技术在物理学科中的使用能够为传统的物理教学和实验提供新思路。例如，达芬奇永动机的模拟与分析研究[②]，学生可借助 3D 打印技术，进行 12 转轮球、20 转轮球、球杆转轮式以及浮力式永动机的制造与分析，在真正动手实践与思考中学习物理。

5．STEM

STEM 是科学（science）、技术（technology）、工程（engineer）、数学（mathematics）的缩写。STEM 是一种以项目学习、问题解决为导向的课程组织方式，它将科学、技术、工程、数学有机地融合为一体，有利于学生创新能力的培养。

STEM 多为跨学科项目式课程，如英国 Cramlington 学习村庄的 STEM 项目"椅子"[③]，学生在学习工程课程时，除了需要学习生产技能相关知识外，还要学习物理、数学等方面的知识。例如学生在创造和生产椅手的过程中，首先需要考虑椅子的平衡性，防止打印过程中出现斜倒、扭曲的状况；其次要考虑椅子的承重力，防止先打印出来的部分被后打印的部分压挤变形；最后，还需通过成本评估确保物有所值。可以看出这个过程不仅涉及有关生产过程的技术知识，而涉及有关于椅子的隐定性、承受力以及平衡性等物理知识，还涉及用三角法来计算椅子的后视角、用软件绘制坐标等数学和软件操作知识。

5.2.2　课程案例

案例 1　探究密度

1．课题概述

密度是一种物理属性，是质量除以体积得到具体的值。从实际场景来看，密度

---

① 陆晨刚. 3D 打印技术在化学教具制作与教学中的尝试［J］. 化学教学，2016，（9）：25-27.
② 李刚，侯恕. 3D 打印技术：中学物理实验教学优化新思路［J］. 物理教师，2015，36（12）：65-68.
③ Department for Education. 3D printers in schools: uses in the curriculum Enriching the teaching of STEM and design subjects. 2013-10-14［OL］. https://dera.ioe.ac.uk/19468/13/3D_printers_in_schools_Redacted_.pdf

正是物体在液体中沉浮的原因。铁和铜等金属密度大于水，故沉入水中。棉花糖的密度小于水，所以浮在水面上。虽然船质量比较重，但是船的体积也很大，因此密度小于水，从而能漂浮在水面上。如果改变船的密度，如船舱倒灌入水，那么船将逐渐下沉。在本次实验中，学生将 3D 打印各种填充率的船只来研究不同密度。可在 MPrint 软件的"设置"菜单中调整填充率属性。学生能观察到随着密度的变化，船模在水或其他液体中漂浮能力的改变。

2．课题教具

（1）3D 打印机。
（2）计算机。
（3）3D 设计软件。
（4）铅笔（彩铅）、尺、橡皮。
（5）玻璃杯、染色液、水、糖浆、色拉油、铁圈、葡萄干、塑料瓶盖、海绵。
（6）100ml 量筒、250ml 烧杯。
（7）三梁天平。

3．预备知识

1）本实验课的创新性

通常学生学习密度的方式是先学习如何计算密度，然后通过实验获得金属、木材和棉花糖等各种物体的密度。常见的实验是将物体置入水中，观察其沉浮，从而阐述密度与在水中漂浮能力的关系。

这次实验课不同于传统教学方式。学生用 3D 打印特有的功能——填充率来测试密度。调整 3D 打印对象的填充率来打印船模，从而确定并控制其密度。学生能观察到随着密度的变化，船模在水或其他液体中漂浮能力的改变。学生设计船模，使其漂浮在水中但能沉于其他液体，或者能悬浮于多种液体中。通过使用 3D 打印机，学生能快速有效地在教室里对不同密度进行试验。该实验如果不用 3D 打印，会要求学生使用不防水材料（纸张、木材）来测试密度，需要耗费更多时间来构造可实验对象。

2）密度的概念

物体所含物质的数量称为质量。物体所占空间的数量称为体积。数学上，物体的质量除以其体积即物体的密度。

密度，就像熔点和颜色一样，是一种物理属性。所谓物理属性，就是通过视觉、触觉、听觉、味觉能感知的所有属性，或者说是无法通过化学反应检测和丈量的所有属性。任何物体都有特定的属性，依此可以界定区别。一个有名的故事就是，国王艾希罗怀疑金匠在制作献给神的金冠时有私吞行为，拿廉价的合金替代了黄金，于是让阿基米德进行鉴定。阿基米德不能破坏或粉碎金冠，所以他决定对比纯金与金冠的密度。实验证明，金冠的密度与纯金不一致，国王被骗了。

通过密度测试，阿基米德提出了两大发现。第一，可通过将物体（如一个不规则形状的金冠）置入浴缸，计算溢出的水体积，得出物体的体积。第二，当物体密度大于水时，物体将下沉；当物体密度小于水时，物体将漂浮。

4．课时安排（2 课时）

探究密度课程包含知识导入课和密度实验课两个环节，各环节均为 1 课时，如表 5-5 和表 5-6 所示。

表 5-5　知识导入课

阶段	内容	时长/min	备注
实验引入	教师清点实验器材	5	实验器材为玻璃杯、染色液、水、糖浆、色拉油、铁圈、葡萄干、塑料瓶盖、海绵
	老师演示密度实验，引出密度知识	10	实验过程不要太多，留给学生充足的时间观察及组织语言，并在纸上记录实验现象。 观察完毕后，学生举手阐述实验现象，大家统一总结得出实验结果
	学生列举与密度有关的情景	10	学生开放思维进行自由发言，教师在黑板上记录下学生列举的与密度有关的生活情景 如果学生列举有难度，教师可先用 PPT 上的生活案例给学生以引导

续表

阶段	内容	时长/min	备注
实验引入	讨论与密度相关的因素，引出密度的定义	5	密度与质量和体积有关系。同等体积下，质量越大，密度越大；同等质量下，体积越大，密度越小
三维设计	制作密度小船模型	10	小船建模过程比较简单
	在 MPrint 中设置	5	设置填充率为 0.1、0.3、0.5、0.8、1 等情况，导出不同填充率的船只

表 5-6　密度实验课

阶段	内容	时长/min	备注
密度实验	用高精度电子秤称量填充率为 0.1、0.3、0.5、0.8、1 的密度小船的质量, 记录在表格中	10	已学指令工具的复习, 新指令工具的认识
	测量 100ml 空量筒的质量, 记录在表中	10	测量含 50ml 水的量筒质量。用含水的质量减去空量筒的质量，得出 50ml 水的质量，计算出水的密度。记录在表中
	用尺子丈量烧杯底部与船只间的距离	15	向 250ml 的烧杯中倒入 100ml 水。每次向纯水烧杯中放入一艘船。用尺子丈量烧杯底部与船只间的距离
	记录密度与填充率和浮动情况的关系	10	记录密度与填充率和浮动情况的关系，最好画出关系曲线

5．学习成果

1）物理层面——密度与实验

（1）确定各种物质的密度。

（2）针对混合质量和温度，描述每一物质的体积和密度差异。

（3）描述温度变化对固体、液体和气体的密度影响（如压缩和扩展）。

（4）通过实验，计算规则形状的物体密度 $[D=M/V]$ 和不规则形状的物体密度 $[D=M/(V_2-V_1)]$。

2）化学层面——物质的本质

（1）描述物质的特性。

（2）描述化学方面的性质、组成、稳定性。

（3）区分固体、液体或气体，并描述其不同的性质。

3）实践层面——概念草图、数字模型、实物

（1）学习用草图表达想法，练习绘图语言工具。

（2）利用有限软件工具建立草图表达的概念的数字模型。

（3）打印测试，验证想象与实际的一致性。

4）成果实物展示（图 5-43 和图 5-44）。

图 5-43　用 3D 建模软件
设计的"密度"渲染图

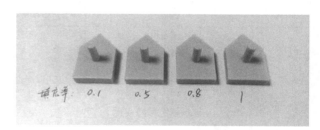

图 5-44　3D 打印出设计的"密度"实物图

6．课程拓展

盐、糖或任何其他物质溶解水中时，溶液的密度会发生变化。制作盐饱和溶液、糖饱和溶液，各倒 100ml 到单个烧杯中。将打印的船只放入其中，记录浮动高度。该高度与纯水中浮动的高度有何差别？若要使船沉于这两类饱和溶液中，所需的最小填充率是多少？

探空气球之所以能在大气中飘浮，是因为它们的密度小于周围的空气。探空气球会被气流带到世界各地。研制自己的探空气球。可绑定全球定位系统（GPS）追踪器，追踪气流并便于在气球坠落后定位；还可绑定相机，记录飞行过程。

7．实验过程

（1）3D 打印 5 艘船，每艘采用不同的填充率。使用三梁天平，测量船只质量，记录在表 5-7 中。通过图纸，丈量计算出船只体积，记录在表 5-7 的体积栏中。计算每艘船的密度，并记录于表 5-7。

表 5-7　实验记录表 1

船	1	2	3	4	5
填充率					
质量/g					
体积/cm^3					
密度/（g/cm^3）					
水浮动的高度/cm					

（2）测量 100ml 空量筒的质量，记录在表 5-8 中。测量含 50ml 水的量筒质量。用含水的质量减去空量筒的质量，得出 50ml 水的质量，计算出水的密度。记录在表 5-8 中。

表 5-8　实验记录表 2

空量筒质量/g	
含 100ml 水的量筒质量/g	
100ml 水的质量/g	
水的密度/（g/cm^3）	

（3）向 250ml 的烧杯中倒入 100ml 水。每次向纯水烧杯中放入一艘船。用尺子丈量烧杯底部与船只间的距离。在表 5-7 中记录船漂浮的高度。

（4）在此过程中研究密度与填充率和浮动情况的关系。

案例 2　神奇的货币

1．课前引导

形制为圆形方孔，重 12 铢（1 两为 24 铢），有钱文曰"半两"。"半两"二字分列方孔左右，通常是右"半"左"两"，如图 5-45 所示。秦始皇统一中国后，废除战国时期流通的刀、布、郢爰、贝币等大小、形制、重量和货值不一的庞杂混乱的六国货币，把秦统一货币的政策和圆形方孔的半两钱在全国范围内推行。

图 5-45　半两钱

2．学习目标

（1）学习半两钱产生的历史背景，促成半两钱生产使用的原因。

（2）了解半两钱的产生对人们生活及历史发展的影响和意义。

（3）学会激光切割机基本使用方法与步骤（激光扫描加工工艺）。

（4）学会使用激光切割软件（数据检查、加工预览等功能）。

3．课前准备

课前准备的设备有激光切割机、木板、亚克力板、护目镜等，如图 5-46～图 5-48 所示。

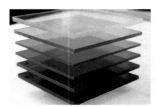

图 5-46　激光切割机　　　　　图 5-47　木板　　　　　图 5-48　亚克力板

4．课时分配

单独设计操作（2 课时）。

5．加工步骤

（1）绘制与保存矢量图形。用专业的矢量制图软件（如 AutoCAD、CorelDraw、Illustrator、中望 CAD、文泰等，可根据个人习惯选择使用）绘出所需的矢量图文件，并导出矢量文件格式（DXF、PLT、AI 等格式）。

如用 CAD 软件绘制出 DWG 文件，单击"文件"→"另存为"就会弹出另存的对话框（图 5-49），选择 DXF 格式，单击"保存"即可。

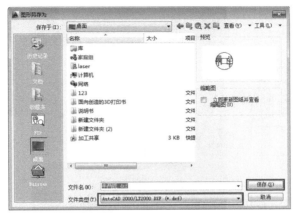

图 5-49　DWG 格式另存为 DXF 格式

（2）启动设备。将激光切割机 MINI-MK46 防漏电空开电源插头（图 5-50）连接至 220V 民用电源上，确保电压在安全值内，如当地电压不稳定，请配备相应稳压电源。按下控制面板上的电源开关按钮（图 5-51），设备启动，激光头自动复位，并移动到上次关机前的定位点上。

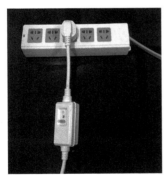

图 5-50　空开

图 5-51　电源

（3）导入图形。在计算机中打开 MINI-MK46 控制系统（确保数据线已连接计算机），单击菜单中"导入"图标（图 5-52），弹出"导入"对话框，选中命名为"半两钱.dxf"的文件，单击"打开"按钮，图形进入控制系统界面（图 5-53）。

图 5-52　导入

图 5-53　打开

（4）图形检测。选中图形，单击"处理"→"数据检查"，弹出"数据检查"对话框（图 5-54），可通过勾选对"封闭性""自相交""相交""重叠"四项进行检查。如有不封闭图形，可勾选"自动闭合"设置"闭合容差"来闭合图形（用来激光雕刻的图形必须是封闭的）。

图 5-54　数据检查

（5）调整图形尺寸。在尺寸参数处直接输入即可。图形比例不变时，请勾选"锁定"，修改其中一项参数，单击"Enter"键，另一项参数将自动变化，无须人工干预。当原矢量图与实际加工出的产品大小有出入时，无须在上位矢量软件中进行修复，可直接使用镭神控制软件进行修改，如图 5-55 所示。

注意： 菜单中的小黑锁，锁住时为等比缩放，打开时为单向缩放。

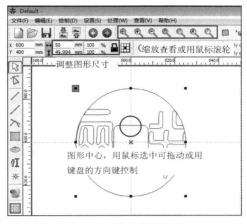

图 5-55 调整图形尺寸

（6）设置加工参数。双击右上角的"图层"，如图 5-56 所示，弹出"图层参数"对话框，如图 5-57 所示，首先将黑色图层的加工方式设置为激光扫描，然后设置相对应的速度、功率及扫描间隔。将扫描间隔设置为 0.045mm，加工速度可调范围为 1～500mm/s，激光功率分为最小功率和最大功率 6%～99%，意义在于加工线条或拐角时进行实时能量跟随，从而杜绝材料过烧。

注意：加工参数不是绝对值，须加工者根据激光元器件消耗程度与材料密度等因素进行实时设置，因此在作品加工前，须对每一种材料进行工艺测试，从而找到最佳的加工参数再进行正式加工，既可杜绝材料浪费，也能降低设备损耗。

（7）加工预览。选中要加工的图形，单击"编辑"→"加工预览"或单击"加工预览"图标 ，然后单击"仿真"按钮，软件就会根据设置的参数自动进行加工预览，如图 5-58 所示。

（8）设置软件中图形加工起始位置。单击菜单命令"设置"→"系统设置"，弹出"设置"对话框，如图 5-59 所示，为了使操作者感觉舒适，

图 5-56 图层

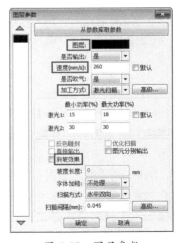

图 5-57 图层参数

一般将加工起始位置设置在图形的左上角，如图 5-60 所示。

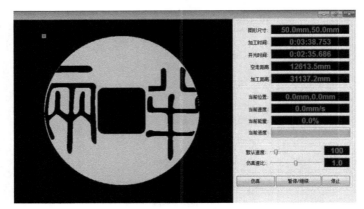

图 5-58　加工预览

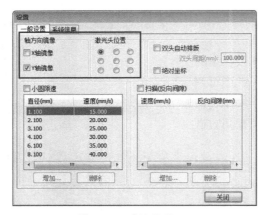

图 5-59　系统设置

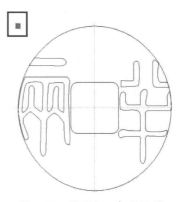

图 5-60　图形加工起始位置

（9）选择产品加工起始位置。按控制面板上的"上""下""左""右"键，调整激光头到合适的加工起始位置，单击"定位"按钮，以确定加工的起始点，如图 5-61 所示。

（10）调节激光焦距。将镭神 MINI-MK46 配备的随机工具中的标准调焦模具放置在激光头下方，原则上是激光头距材料 4mm 为最佳焦距，右手松动白色激光头螺栓，左手轻轻升降激光头，让激光头自然贴到模具上表面后拧紧螺栓，将模具取出，调焦完成，如图 5-62 所示。

图 5-61 产品加工起始位置

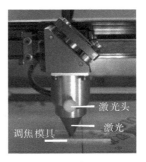

图 5-62 调节激光焦距

（11）走边框。图 5-63 即走边框所要走的路线，单击菜单中"走边框"，即弹出"走边框"对话框（图 5-64），选择走边框的速度（50～300mm/s）后单击"确定"按钮（图 5-65），即可看到激光头以矩形方式在材料上按照设定速度进行移动，加工者可观察加工图形是否超边幅。

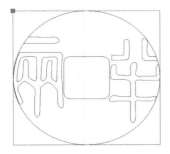

图 5-63 边框

图 5-64 走边框

图 5-65 速度

（12）开启风机和气泵。风机与气泵在工作中会产生一定噪声，即便 MINI-MK46 已进行降噪处理，但还会有少许噪声泄出，为了不干扰其他人员，在设备待机情况下，建议用户关闭风机、气泵，当需要加工时再开启。加工时尽量将机器上盖关闭，形成负压，排风管路移至室外。

方法： 启动控制面板上的"气泵"和"风机"按键，如图 5-66 所示。

（13）加工输出。选中要加工的图形，如果图形全加工可按"Ctrl+A"键选择全部图形，勾选的"输出选中图形"及"路径优化"，单击"开始"按钮进行加工，如图 5-67 所示。

输出选中图形：只对选中的图形进行加工。

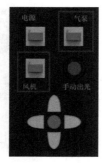

图 5-66 开启风机和气泵

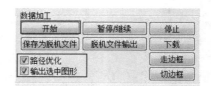

图 5-67 加工输出

路径优化：使图形由内至外切割，避免因材料错位或翘起碰撞刀头，而导致加工错位和光路偏移。

（14）激光切割。首先选中图形的边缘线，把它们的颜色换成红色（图 5-68），然后把红色图层的加工方式改为激光切割（图 5-69）。选中这两条红线，单击"开始"按钮把雕好的图形切下来。

图 5-68 颜色分层

图 5-69 图层

（15）单击开始加工，等待加工完毕。取出加工好的图形（图 5-70），清除台面废料，将 Y 轴回到零点，单击"定位"按钮，升高激光头。按下控制面板上的"电源"按钮关机，将机器恢复至使用前的状态。

图 5-70 加工好的图形

附件 学习资源

3D CAD 软件

123D Design	http://www.123dapp.com/design
Blender	http://blender.com
TinkerCAD	http://tinkercad.com
SolidWorks	http://www.solidworks.com/
AutoCAD	https://www.autodesk.com.cn
Fusion 360	https://www.autodesk.com.cn
Inventor	https://www.autodesk.com.cn
3D One	http://www.i3done.com/
OpenSCAD	http://www.openscad.com/
Maya	https://www.autodesk.com.cn
ZBrush	http://www.zbrush.com/
Leonar3Do	http://www.leonar3do.com/

切片软件

Slic3r	http://slic3r.org/
KISSlicer	http://www.kisslicer.com/
CuraEngine	https://software.ultimaker.com
Sfact	http://reprap.org/wiki/Sfact

Skeinforge	http://reprap.org/wiki/Skeinforge
在线资源	
3D 打印网	https://3dprint.com
3D 打印世界	https://3dprinterworld.com
3D 打印业	https://3dprintingindustry.com
3Dprinter	https://www.3dprinter.net
3Ders	https://3ders.org
医疗打印网站	https://3dprint.nih.gov
创客空间	https://Hackerspaces.org
Makerfaire	https://makerfaire.com
青少年创客	https://youngmakers.org
Thingiverse 可打印设计网	https://thingiverse.com
Youmagine 可打印设计网	https://youmagine.com
蛋白质结构数据库	http://www.rcsb.org/pdb/
激光网	http://laser.ofweek.com/
镭神东方激光网	http://www.lasersino.com/
激光制造网	http://www.laserfair.com/news/search.php
光学与激光技术	https://www.sciencedirect.com/journal/optics-and-laser-technology

后　记

　　本系列教材是首都师范大学招生就业处"双创"教育教学的研究成果,首都师范大学招生就业处处长孙彤指出,高等师范院校对"未来教师"的"双创"教育不同于理工类、综合类院校,是以"创·课"教育为核心。"创"实质是培养师范生具有创客精神、探索意识、应用科技技能、掌握数字化教学技术、具备动手实作能力。"课"实质是培养师范生掌握创客、STEM 等创新教学方法及课程设计能力。以"创·课"为核心的"未来教师"的"双创"教育既是高等师范院校结合实际做出的富有意义的新探索,又有利于促进高等师范院校进行专业教育与就业教育的融合,同时,为中小学校培养教师后备人才。

　　本系列教材在首都师范大学招生就业处处长孙彤、臧强老师领导下,副处长刘锐老师、祝杨军老师、黄丹老师具体指导下,由首都师范大学教育学院教师乔凤天主持,联合高等院校、中小学校、企业界、校外教育众多专家学者共同完成,是集体智慧的结晶。

　　衷心感谢首都师范大学招生就业处孙彤、臧强、刘锐、祝杨军、黄丹、王婧潇等老师的大力支持,并从他们身上学习到全心全意为每一位学生服务的精神。感谢首都师范大学教育学院蔡春、张增田、乔爱玲等领导和教育学院同事们的指导和支持。同时,感谢中国电子学会杨晋、北京教育科学研究院基教研中心孟献军、东城区教育研修学院高勇等教育专家在快速成型技术及教育应用方面的指导,以及甘延霖、武志斌、李向丽、刘玉龙等企业界导师的积极配合和支持。在撰写过程中,借

鉴了国内外相关学者的科研成果，在此一并表示诚挚的感谢！

由于作者水平有限，疏漏和错误之处在所难免，欢迎读者批评指正。作者邮箱：630727116@qq.com。

乔凤天

2018 年 5 月 26 日